SCIENCE

KEPU BAIJIA JIANGTAN

及科学知识，拓宽阅读视野，激发探索精神，培养科学热情。

向未来出发

★ 包罗各种科普知识，汇集大量精美插图，为你展现一个生动有趣的科普世界，让你体会发现之旅是多么有趣，探索之旅是多么神奇！

吉林出版集团
北方妇女儿童出版社

图书在版编目（CIP）数据

向未来出发／李慕南，姜忠喆主编. —长春:北
方妇女儿童出版社,2012.5（2021.4重印）
（青少年爱科学.科普百家讲坛）
ISBN 978－7－5385－6339－9

Ⅰ.①向… Ⅱ.①李… ②姜… Ⅲ.①科学技术－技
术发展－世界－青年读物②科学技术－技术发展－世界－
少年读物 Ⅳ.①N11－49

中国版本图书馆 CIP 数据核字（2012）第 061656 号

向未来出发

出 版 人	李文学	
主　　编	李慕南　姜忠喆	
责任编辑	赵　凯	
装帧设计	王　萍	
出版发行	北方妇女儿童出版社	
地　　址	长春市人民大街 4646 号 邮编 130021	
	电话 0431－85662027	
印　　刷	鸿鹄（唐山）印务有限公司	
开　　本	690mm × 960mm　1/16	
印　　张	13	
字　　数	198 千字	
版　　次	2012 年 5 月第 1 版	
印　　次	2021 年 4 月第 2 次印刷	
书　　号	ISBN 978－7－5385－6339－9	
定　　价	27.80 元	

前　　言

科学是人类进步的第一推动力,而科学知识的普及则是实现这一推动力的必由之路。在新的时代,社会的进步、科技的发展、人们生活水平的不断提高,为我们青少年的科普教育提供了新的契机。抓住这个契机,大力普及科学知识,传播科学精神,提高青少年的科学素质,是我们全社会的重要课题。

一、丛书宗旨

普及科学知识,拓宽阅读视野,激发探索精神,培养科学热情。

科学教育,是提高青少年素质的重要因素,是现代教育的核心,这不仅能使青少年获得生活和未来所需的知识与技能,更重要的是能使青少年获得科学思想、科学精神、科学态度及科学方法的熏陶和培养。

科学教育,让广大青少年树立这样一个牢固的信念:科学总是在寻求、发现和了解世界的新现象,研究和掌握新规律,它是创造性的,它又是在不懈地追求真理,需要我们不断地努力奋斗。

在新的世纪,随着高科技领域新技术的不断发展,为我们的科普教育提供了一个广阔的天地。纵观人类文明史的发展,科学技术的每一次重大突破,都会引起生产力的深刻变革和人类社会的巨大进步。随着科学技术日益渗透于经济发展和社会生活的各个领域,成为推动现代社会发展的最活跃因素,并且成为现代社会进步的决定性力量。发达国家经济的增长点、现代化的战争、通讯传媒事业的日益发达,处处都体现出高科技的威力,同时也迅速地改变着人们的传统观念,使得人们对于科学知识充满了强烈渴求。

基于以上原因,我们组织编写了这套《青少年爱科学》。

《青少年爱科学》从不同视角,多侧面、多层次、全方位地介绍了科普各领域的基础知识,具有很强的系统性、知识性,能够启迪思考,增加知识和开阔视野,激发青少年读者关心世界和热爱科学,培养青少年的探索和创新精神,让青少年读者不仅能够看到科学研究的轨迹与前沿,更能激发青少年读者的科学热情。

二、本辑综述

《青少年爱科学》拟定分为多辑陆续分批推出,此为第五辑《科普百家讲坛》，以"解读科学，畅想科学"为立足点，共分为10册，分别为：

1.《向科技大奖冲击》
2.《当他们年轻时》
3.《获得诺贝尔奖的科学家们》
4.《科学家是怎样思考的》
5.《科学家是怎样学习的》
6.《尖端科技连连看》
7.《未来科技走向何方》
8.《科技改变世界》
9.《保护地球》
10.《向未来出发》

三、本书简介

本册《向未来出发》是一本激发中小学生想象力的科普读物。如果有一天地球停止转动？你会觉得心脏好像要从嘴里飞出去，所有的东西都会以很快的速度飞向东边……如果明天的太阳不再升起？白天会和夜晚一样黑，公鸡不知道应该什么时候打鸣，人们也会大声嚷着："世界末日到了……"如果有一天下起猫雨来？你需一要把很坚固的雨伞，才能避免那些毛茸茸的动物掉在你头上。如果有一天外星人来到地球，却只愿意跟狗说话？如果外星人与狗开始交谈，我们人类就要面临很大的问题。我们必须请求狗来告诉我们外星人说什么……如果地球是方的会怎样？如果你有三只眼睛会怎样？如果我们和外星人联系上会怎样？……上百个令人目瞪口呆的问题，引发孩子强烈的好奇心和丰富的想象力；超乎寻常的难题和巧妙的回答，带领孩子进入奇妙的科学世界，创造一个完全不同于今日的全新地球。

本套丛书将科学与知识结合起来，大到天文地理，小到生活琐事，都能告诉我们一个科学的道理，具有很强的可读性、启发性和知识性，是我们广大读者了解科技、增长知识、开阔视野、提高素质、激发探索和启迪智慧的良好科普读物，也是各级图书馆珍藏的最佳版本。

本丛书编纂出版，得到许多领导同志和前辈的关怀支持。同时，我们在编写过程中还程度不同地参阅吸收了有关方面提供的资料。在此，谨向所有关心和支持本书出版的领导、同志一并表示谢意。

由于时间短、经验少，本书在编写等方面可能有不足和错误，衷心希望各界读者批评指正。

本书编委会
2012 年 4 月

目　　录

一、科学设想

二、科学幻想

一、科学设想

动物比人还聪明

如果人类和其他动物没有区别，就有可能被关在动物园的笼子里，让黑猩猩拍照；也可能是狗的"宠物"；或者更糟糕的，被狮子和老虎饲养，用来煮大餐；甚至被一些大象当成飞盘，扔来扔去。换句话说，如果有些动物比人类还聪明，它们就会代替我们统治地球。

你大概不会希望这种事发生。想到这一点，你也许会对人类对待动物的方式感到不舒服。不过，人类并不是惟一会支配（控制）其他动物的动物，许多动物是以别的动物来维生，蚂蚁甚至会养蚜虫来吃，还有些黑猩猩之类的物种也会养宠物。

科学家相信有些动物很聪明，譬如黑猩猩、大象、鲸鱼和海豚。

有些黑猩猩认识两百多个字，也可以用手语代替语言与人交谈。黑猩猩还会用简单的工具来取得食物。科学家以前一直以为只有人会使用工具。

鲸鱼会唱出复杂的歌，有时候会持续一个小时。海豚似乎也有很复杂的"语言"。可是科学家并不清楚海豚和其他动物沟通的内容。就某些和人类不一样的地方来说，有些动物或许真的很聪明，但由于无法沟通，我们实在无从知道。

长得和昆虫一样大

你就可以用你又细又黏的脚在天花板上行走，而且可以跳到是你身高20倍的高度。你也可以扛起比你的身体重300倍的东西。当然，你经过人行道时，可能会被一个大脚给踩扁！

如果你长得和昆虫一样大，你就可以做一些惊人的事情。例如，跳蚤可以跳30厘米高，那是它身高的200倍，就像身高1.50米的人跳了300米的高度一样。

一只蜜蜂可以扛比它的身体重300倍的东西，相当于一个人同时拉动三辆卡车。

昆虫是怎么做到的？答案的关键就在于动物的身体大小、体重和力量的关系。试比较两种大小相差很多的动物，譬如人和热带的竹节虫。人比竹节虫高10倍，可是人的体重是竹节虫的几千倍。对于两种大小不同的生物来说，较小的生物相对于它的体重，肌肉的力量是比较大的。所以从体重的角度来看，昆虫远比人类强壮。

如果你是巨人

记得童话故事中的"杰克与豆茎"吗？在故事里，巨人的力量总是很强大，也很恐怖，会做出令人震撼的事情。但如果你真的变成了巨人，或许会让你讶异的是一些你不能做的事。光是早上从床上起身就要让你花费很大的力气。

如果你的身体是现在的 10 倍，你可能迈出一步会比现在大很多，但是因为身体很重，你可能跑得没现在快——或者根本跑不动。你不能快速站起来或跳跃，因为沉重的身体会把你拉回地面。你的动作会跟大象一样笨拙，一起身就容易跌倒。因为体重的关系，你可能会经常受伤。

重力对身体的拉力称为"体重"。重力对昆虫的作用远比对人的作用小。你有没有注意到，像大象这种庞大的动物和较小的动物相比，腿与身体的比例大了很多？巨型动物需要较粗的腿来支撑它的体重。假设你的身体是现在的 10 倍，但保持同样的比例，你就会高 10 倍，粗 10 倍，宽 10 倍，体重则是 $10 \times 10 \times 10$，变成了现在体重的 1000 倍。就算你的腿是现在的 10 倍，你本身的重量，也会让你摔倒，因为你的腿必须要支撑是你 1000 倍的体重。

以你那 10 倍大的身体，一整天要做什么呢？光是找东西吃就要花很多时间，你根本没有办法去做别的事。动物的身体越大，就要吃越多东西来维持生命。大象身体庞大，是陆地上还存在的动物中体积最大的。你认为它们有时间打手机聊天、做运动或上学吗？没有，它们几乎一整天都在进食。大家都听说过恐龙吧，巨大的恐龙比大象还要大，不过没有动物可以重达大象体重的 100 倍，如果这样的动物存在的话，它们可能根本找不到足够的东西吃，而且搞不好连站都站不起来。

如果你有狗的嗅觉

你一定会觉得这个世界变得很臭！如果你有狗的嗅觉，你会闻到别人的汗臭味，即使那个人从你身边走过已有好几个小时了。

你会闻到埋在地底下的垃圾，你的鼻子可能会比较大、比较湿，而且不断发出声音！

我们对嗅觉的依赖没有视觉或听觉那么强烈，但是你的嗅觉和狗一样敏锐的话，可能就会用得比较频繁。狗会用嗅觉来察觉危险、寻找同伴或食物。狗还会用身上的气味来标识地盘，让其他狗知道应该回避。

你会闻到气味，是因为空气中的气味分子进入鼻子内的某个部位，而对脑部传送信号。

对狗和人来说，不同的分子在鼻子里有不同的感应部位，就像是不同的锁有不同的匙孔一样。

你闻到的气味要依分子对应的特殊部位而定。

大部分的气味是各种不同分子的组合，例如腋下的汗味就有 250 种。狗能够根据特殊组合的分子来察知气味，有点像是你的头脑能够辨别出一首曲子或某个人的声音一样。你能够认出特定的音符组合。鼻子里，就能闻出气味，人类要等到有 500 万个分子进到鼻子里面，才闻得出来。

像鸟儿一样飞行

如果可以拍着翅膀，想飞到哪里就飞到哪里，不是很美好吗？你不必担心找不到路，或是遇到交通阻塞。可是任何人都可以飞的话，天空可能会变得很拥挤。

几千年来，人们看到鸟都会梦想着飞行。有人甚至为了飞行，在身上装上大翅膀。但他们总是立刻摔下来。一直到一百年前，人们才乘坐飞机飞行。现在我们有很轻的飞机，没有引擎，一个人靠着自己的力气就可以在空中飞行。操纵这种特殊飞机的人要踩着类似脚踏车的踏板，好让飞机的螺旋桨转动。可是你必须身强体壮，才有足够的力气维持高速的螺旋桨，让飞机飞得很远。

你装上翅膀但不能飞上天的原因有三个：

第一，大部分人的手臂并不很强壮。

第二，我们还不知道如何制造像鸟一样运动的翅膀。飞机翼并不会上下拍动，而是利用螺旋桨或喷射引擎，使飞机在空中前进。

第三个理由是最重要的，那就是你没有强壮到可以支撑自己的体重。大部分的鸟很轻，骨头是中空的，只需拍动翅膀就可以让身体保持在空中。而鸟的身体越大，就要有越长的翅膀才能飞行。拍动大翅膀比拍动小翅膀所需要的体力多，这就是为什么没有一只鸟和人一样重的原因。

颠倒的世界

地板会在你的头顶上，山脉会指向下方，而如果你是颠倒看人，可能很难认出熟人——试试把家人的照片颠倒过来来看，头晕了吧？

可是这件事真的很奇妙，你的眼睛确实一直看到颠倒的世界！这是因为眼睛前面有个透镜，光线进入透镜里，在眼睛后面的"荧幕"上产生颠倒的影像。

这个荧幕称为"视网膜"。进入视网膜的光线会被转换成信息，进入大脑。你的大脑将信息倒转过来传回视网膜，你就看到正确的影像了。

有的东西也会产生上下颠倒的影像，譬如以前用来拍照的相机。相机设计的原理和人的眼睛相同，光线从外界的物体反射到相机的透镜里，在相机后面的软片上产生颠倒的影像。

人脑认识世界的能力是很惊人的。科学家做过实验，让一些人戴上特别的眼镜，透过这种眼镜看到的世界是颠倒的。假设你戴上了这种眼镜，眼前所有的东西都会显得很诡异。你走路时可能会撞到东西。可是很奇怪的，戴着眼镜过了几天，你就会开始看到正常的影像了！你的头脑知道如何使颠倒的影像变成正常，使你不觉得世界是颠倒的。但科学家并不知道头脑是怎么做到这一点的。

三只眼睛

你真的有！我们的头脑中间都有好像第三个眼睛的东西，称为"松果体"。它不是真的看得到东西，但是能感觉到光。它主要的作用是控制我们的心情，配合一天24小时的循环，维持身体的运作。有些生物真的有第三只眼睛，譬如某些鱼、青蛙和蜥蜴，它们可以看到与两眼不同方向的东西。

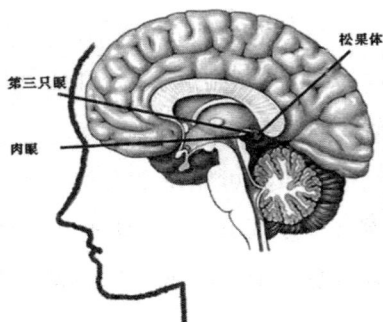

如果你有第三只眼睛，哪里是最适合安置的地方？头脑后面怎么样？如果那里有第三只眼睛，你就可以看到后方，不用转头，就看得到背后的一切了。把第三只眼睛安置在手指尖端怎么样？你只要把手指向某个地方，就可以看清那个方向的事物。

如果你伸长手臂，手指上的"眼睛"就会远离头上的两个眼睛。眼睛之间隔着那么大的距离，你就能较准确地判断物体在远处的位置。为什么呢？物体在很远的地方时，要判断有多远并不容易，因为你注视远处的物体时，两只眼睛几乎是对着同一个方向。而如果你的眼睛离得远一点，每只眼睛的方向就不会那么接近，要判断距离就容易多了。

长相和别人完全相同

我们要如何分辨谁是谁？也许所有人都要随时戴着牌子（贴着姓名），或者以别的方式来认人，例如气味。可是有人想要欺骗你，假装他是某个人的话，他可能会得逞。

有没有可能每个人都长得一模一样？科学家利用名叫"选殖"的程序，制造出复制母体的动物婴儿。依正常的生殖方式，一个卵细胞（能够独立存在的最小生物）借着父亲的精子细胞而受精，受精的卵细胞具有父母亲的遗传基因。这个细胞会分裂很多次，产生新的细胞，最后变成一个婴儿。婴儿的遗传基因是父母双方混合而成的，因此不会与任何一方完全相同。而在选殖中，动物是从单一细胞产生的，不是来自于父母亲，因此会长得很像。同卵双胞胎是来自于同一个细胞，所以从某方面来说，他们也是选殖来的。

近来有只名叫"多利"的羊就是以选殖的方式（克隆）出生的。这是第一次成功地用选殖繁衍出羊这种复杂的动物。科学家认为，人类也可以用这种方式来繁衍。可是大部分人并不觉得应该这么做。要复制哪一个人，该谁来决定呢？复制人会受到平等的对待，还是会遭受歧视呢？改变人类自然的繁殖方式是对的吗？这方面牵涉到的道德问题很多，这里谈到的只是人们所讨论的一部分而已。

知道别人在想什么

你可能非常希望把脑袋"关掉"！也许你会发现，你最好的朋友说"那件衣服很好看"时，实际上你心里却想着："哇，这件衣服看起来可真怪！"如果每个人都能够看穿别人的心思，你就无法保守秘密了。

有些人说，他们可以知道别人在想什么，这种读心的能力称为"心电感应"。虽然有人声称心电感应是真的，但还是有很多人不相信。科学家曾做实验测试人的心电感应，例如，请一个人看着扑克牌，由另一个人来猜测那个人看到的牌。

到目前为止，没有一个实验显示出确实有心电感应。做实验的人往往不能确定另一个人有没有作弊，而且有时候猜牌的人只因为那一天特别幸运，猜对的次数就比平常多。

科学家目前还不能证明读心是有可能的，不过他们也无法证明那是不可能的。也许真有心电感应，只是极少发生。有些人认为那只会发生在非常特殊的场合，或是很特别的人身上，例如双胞胎。你觉得呢？不必回答，我已经知道了。

钻个洞贯穿地球

如果你没有被重力压扁，也一定会被熔化！地球中心承受着外壳所有的重量，这些重量从四面八方往内挤压，使地球中心变得非常热，温度高达3333℃。

事实上，地球中心热得连核心外围的铁都熔化成液体。你可以想象你企图挖洞穿过热水，就可以知道要钻洞贯穿地球是什么情况。

在我们这个星球上，曾经钻过的最深的洞也不过是14公里。这个最深的洞连地球的地壳（外面那一层，约有20公里厚）都没有穿透。

想到从地球的一端到另一端（地球的直径）有12 800公里那么长，你就会觉得最深的洞一点都不深。如果地球和篮球一样大，这个最深的洞甚至没有穿透球皮。

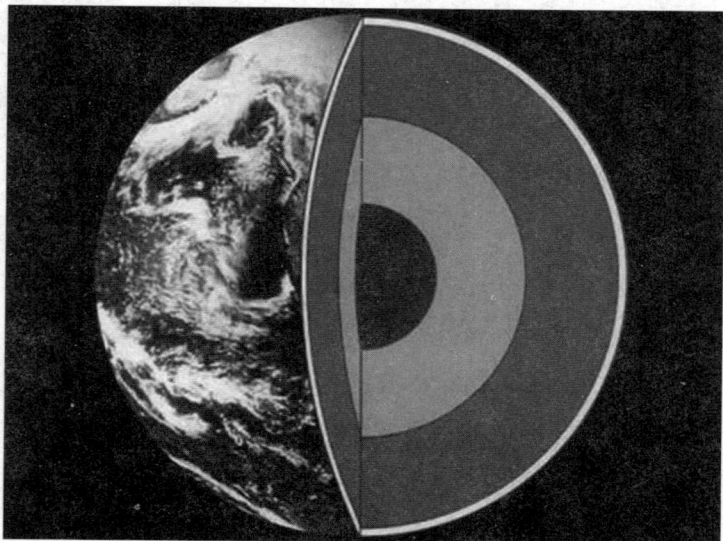

在贯穿地球的洞里面丢一颗石头

在深井里面丢一颗石头，并不会有什么好玩的事发生。你只会听到石头碰到水面的声音。

如果你丢了一颗石头到贯穿地球的洞里面，情况就不一样了。从上一题的答案中，你已经知道要钻个洞贯穿地球是不可能的。但如果你办得到呢？石头会在洞里面越掉越快。它会被重力一路拉到地球中心，而在快到中心点时，它的速度会非常快，甚至比流星还快！

可是经过了中心点，就会发生很有趣的事情。石头一旦通过中心点，就会越来越接近地球另一端的表面；它会继续往上移动，而不会往下！石头往上的速度很快就会变慢，因为地球的重力会把它往中心拉，使它慢下来。

为什么呢？你可以把重力想成橡皮筋的拉力。想象你把石头绑在一条长长的橡皮筋的一端，另一端连着地球中心。你丢下石头，橡皮筋即将石头拉向中心，而在石头穿过中心点，开始往上升到地球另一端的表面时，橡皮筋就会再度把它拉回中心。

方形的地球

如果地球是方的，旅行社就可以推出"地球八角之旅"的旅行团。这八个角可能会是高山。你可以想象吗？

好，让我们来想象地球是个八角盒子，而你小得像只蚂蚁，在盒子上到处走。"下"的方向永远都是盒子的中央。如果你站在盒子一边的中间，举目望去，地面都是平坦的。现在假设你开始用你那只细小的蚂蚁脚走向盒子一角，你越接近角落，就越觉得在爬山，地势越来越陡。走到角落时，你已经是在山顶上了。

地球和其他行星都是圆的，这是有原因的吗？原因就出在重力上。

重力把地球上所有的东西都拉向中心，也把地球自身的每个部分拉向中心。重力极为强大，即使地球一开始是方形的，或是形状像章鱼，往中心拉扯的重力也会很快地使它变成球体，但不是完美的球体，因为地球会自转，使中间有点鼓起。

其他行星的重力和地球不一样，它们是什么情形呢？行星越大，重力就越强。譬如木星的重力就非常强，而像冥王星这种小型的行星，重力就很微弱。

住在北极

一年中白天会长达 6 个月，晚上也是 6 个月。在有 6 个月之长的白天，你可能会玩个不停，不肯上床睡觉。而在连续 6 个月的晚上，你可能会想要像熊一样冬眠。

为什么呢？因为地球绕着地轴旋转一次需要一天，地轴有点倾向地球绕行太阳的轨道。地轴穿过地球的两点是北极和南极。地球一边自转，一边绕着：太阳公转，旋转一圈需要一年。地球绕着太阳公转时，北极有 6 个月有阳光的照射，其他 6 个月则是黑暗的。所以在北极，一年之中有 6 个月是白天，6 个月是黑夜。

如果你站在北极上仰望天空，你会看到什么？好像整个天空就在头顶上，绕着某个点在转动，一次费时 24 小时。要体会那种感觉，不妨抬头看着天花板，想象上面布满太阳、月亮和星星。你绕一圈看看，就会觉得天花板上的一切好像都在转圈圈。

如果你住在北极，在 6 个月的白天里，你都不会看到日出和日落。太阳会每 24 小时就在天上绕一圈。6 个月的白天快要结束时，太阳会非常接近地平线，然后在接下来的 6 个月中降到地平线以下，但仍然每 24 小时就绕一圈。

没有磁性的地球

你去露营时可能会迷路。没有地球的磁性，指南针就不会指向北边，地球上也就不会有北美洲、南海、东海岸或西印度群岛。

你有没有玩过两个磁铁的游戏？磁铁的两端通常会标着 N 和 S，代表北极和南极。两个磁铁的北极或两个南极靠近时，会互相排斥（将彼此往外推）。但是让北极和南极靠近时，两者就会互相吸引（拉向彼此）。磁铁的成分有铁、镍或钴。让磁铁一端靠近金属剪刀，剪刀就会被磁铁所吸引。拿美国的一分钱硬币靠近磁铁，磁铁并不会有反应，因为金属剪刀是铁制的，而一分钱硬币是铜制的，铜不会被磁铁吸住。

为什么指南针会指向北边？因为地球核心含有金属，让地球好像拥有一个巨大的磁铁。指南针其实具有一点磁性，一端受到地球带磁性的北极所吸引，而被南极所排斥。指南针的另一端则是相反的情况。这就是为什么指南针总是保持在南北线上，告诉你哪一边是北边的原因。

飞快旋转的地球

你必须用很坚韧的绳子或钢索把自己固定在地球上，否则你可能会被甩到太空中！

每天地球都会绕着地轴完整地转一圈，因为转得很慢，你一点也没有感觉。现在假设地球转得比实际上快很多。想象一下某些游乐场的旋转轮，有人让它转得很快时会怎样？你如果不抓紧，就会被甩出去。

如果地球自转的速度只快了17倍，也就是一天要转17圈，那会使赤道（在想象中环绕地球中间的线）上的物体（包括人）飞出去。赤道上的东西会先跑掉，因为那里距离地轴最远。

地球加快自转的速度，达到一天17次时，你正在靠近赤道的地方探险，如果你没有把自己固定住，就会飞到太空中。不过站在北极或南极一带的人，因为就在地球的地轴上，所以不会觉得有什么不同。事实上，如果地球真的转得那么快，海洋和空气都会被抛进太空中，全世界的人住在哪里都是一样的。

地球突然停止旋转

你会觉得心脏好像要从嘴里飞出去了。如果地球突然停止转动，所有的物体都会以最快的速度飞向东边。在赤道上，物体会达到时速 1600 公里！

这是为什么呢？因为靠近赤道的物体每 24 小时就环绕地球一圈，行走的距离约有 40 000 公里，因此它们的速度约是时速 1600 公里。由于地球的自转，这个速度会维持不变，即使地球突然停止转动，物体仍然会继续前进（往东边的方向）。

你坐车时，车子突然停下，也会发生类似的事情。你会觉得好像被甩到前面，因为车子停下来时，你仍在继续前进。这就是为什么我们要系安全带，好让我们在车子突然停下时不会往前冲的原因。

地球表面都是水

如果地球表面全都是水，"噗噗噗……"你就不会在这里看这本书……如果还可以看书，你就是一只很聪明的鱼。

科学家相信，地球上的生命是从微小的有机体（生物）开始的，这些有机体进化（发展）成较复杂的生命体，再从水里慢慢爬上陆地。如果完全没有陆地、陆地生物，包括人在内，就不会进化。总而言之，如果没有坚硬的地方可以踩踏，那又何必长脚呢？

现今的地球有三分之二覆盖着湖水、河川和海洋。稍微转一下地球仪，你会发现有一边很难看到陆地。为什么地球没有完全覆盖着水？地球有干燥的陆地，是因为它不是完美的球体，否则整个地球都会覆盖着一层几百米深的水。但由于地球不是平滑浑圆的，有些部分稍微突出水面，形成了陆地。

如果地球上的水比目前多两倍，所有事物就会陷在水中。而如果没有达到两倍之多，就只有最高的山峰会露出水面，变成被水环绕的小岛。可是，别担心，不论下多少雨，实际上都不会发生这种事。

地球被大陨石撞击

　　陨石是从外太空飞过来击中地球的岩石。如果有巨大的陨石击中地球，你并不会看到它，但是也许会感觉到它的后果。巨大的陨石可能会掉在海里，因为地球表面有三分之二覆盖着水。陨石掉在水中可能会造成很大的海啸。

　　可是从外太空往我们这里飞过来的岩石，并不见得会碰到地球的表面。地球有一层空气包围着，叫做"大气层"，陨石经过地球的大气层时，会因为摩擦发热。小块陨石会热得在抵达地面时烧尽，这种陨石称为"流星"。有时候，你可以在晚上看到流星快速地穿过夜空。

　　巨大的陨石碰撞地球时，也可能造成大爆炸。然而，即使是很大的陨石，也不会把地球撞离轨道。

　　举例来说，假设有个直径达 16 公里的陨石坠落地球，由于地球的直径是那块陨石的 800 倍，情况会像一粒小尘埃打中了一颗棒球。不过巨大陨石的坠落会影响地球的气候。大陨石击中地球表面时，会有大量的尘埃飘到大气层，而且升到很高的地方，在大气层停留很长一段时间。大气层中的大量灰尘会遮住阳光，使地球的温度降低。

　　如果陨石非常巨大，阳光可能会被遮挡许多年，这对大部分动植物和人都是很糟糕的事情。人类必须待在屋内避寒，而植物没有阳光就不能生长，食物就会缺乏。科学家认为，在 6500 万年前，可能有巨大的陨石撞击地球，才会使得恐龙和不少动物灭绝。

　　现在还有可能发生这种事吗？每隔一段时间，就会有个大陨石从地球旁边"咻"地飞过去。根据"差点击中"的数量，科学家认为，每隔5000年就会有个大陨石打中地球。那表示陨石击中地球的几率是每5000年一次。有些科学家主张，我们应该小心向地球飞来的大陨石，看见有一颗飞过来时，应该趁它还在远处时，用炸弹使它偏离轨道。

一天变成了一年

地球每天绕着地轴自转一次，而且以 365 天的时间走完环绕太阳的轨道。这就是一年有 365 天的原因。可是想想看，如果地球环绕太阳时，只沿着地轴转一圈，而不是 365 圈，每一天就会有一年那么长。

如果一天变成了一年，地球就会一直保持一面对着太阳。如此一来，地球就会有一边一直有阳光照射，另一边却总是黑漆漆的，而对地球的气候造成巨大的影响。面对太阳的那一面会极其炎热，黑漆漆的那一边却是极其寒冷。

住在地球两边的人可能会整理行李，搬到两边之间的狭长地带。那会是以纵向环绕地球的圆圈，是惟一能够居住、免于冻僵或燃烧的地方，也是惟一有水的地带。地球明亮的那一面可能会热得水都被蒸发掉（变成气体）了，而高空的风会把湿气带到阴冷的那一边，水就会冻结，变成雪降下来。

一天有可能变成一年吗？地球的自转正在逐渐变慢，但是绝不可能慢得让地球一直以同一边对着太阳。地球倒是有可能慢到自转一次要一个月的程度（以同一边对着太阳），不过那是几百万年以后的事情。

没有季节变化

没有季节变化，你可能就没有暑假！没有季节，不论你住在哪里，整年都是同样的温度，就像现在的赤道地区。如果平均温度和现在一样，那么冬天会比现在暖和，夏天也会比较凉爽。植物在一整年都会长得很好，鸟儿也不需要迁徙（飞到较暖和的地方过冬）。

我们为什么会有季节变化呢？有些人认为，季节的存在是因为地球绕行太阳的轨道不是完美的圆形。有时地球会比较靠近太阳，有时又离得比较远。地球与太阳的距离在一年中确实会改变，但是那并不是季节的原因。

季节的存在是因为地轴是倾斜的。北半球处于夏天，是因为那个部分被阳光直射的缘故，把那里晒得很热。

在地球仪上，赤道以下的部分称为南半球。北半球是夏天时，南半球的人就要过冬了。在冬天，太阳以低角度照射地球，因此阳光不像夏天那么温暖。6个月后，地球来到轨道的另一边，北半球在过冬，南半球就是夏天了。

如果地球的地轴没有倾斜，就不会有季节变化。无论地球在太阳的哪一边，阳光散发出的能量都是一样的，不管你住在哪里，天气都不会有太大的变化。

天下起狗和猫（或鱼和青蛙）雨

　　你需要一把很坚固的雨伞，才能避免那些毛茸茸的动物掉在你头上。常有人用"下狗猫雨"来形容下大雨，这种说法并没有听起来那么奇怪，因为有些人（不只是童话故事里的人）真的看过下鱼雨或青蛙雨。

　　怎么会有这种事？有一种可能是龙卷风。龙卷风是倒圆锥形的风，会猛烈地旋转，把汽车，甚至整间房屋卷到空中。在湖上刮起的龙卷风会把许多湖水，连同鱼和青蛙刮到空中，然后在几公里外的地方抛下，那里就下起了"鱼雨"和"青蛙雨"。

　　还有一种就是冰雹，它是与豌豆一样大或更大的冰球，在雨滴结冰时就会出现。雨滴不会很大，但冰雹却可能大得像葡萄柚。这是因为冰的结晶经过大气层时，会附着许多层冰冻的水分，然后才掉在地面。不要在下葡萄柚冰雹时出门，就算你戴着钢盔也一样。

　　如果你觉得被大冰雹打到并不会很严重，至少也要小心陨石。起初科学家并不相信那些岩石真的是从天上掉下来的，他们以为持这种说法的人是疯子。现在我们已经知道，这个说法是真的。宇宙中有许多岩石，是我们的太阳系在几十亿年前形成时留下的。

人可以控制天气

你所企盼的游行绝不会下雨；你永远都不会因为下雪量不足而必须断了滑雪的念头；你在夏天绝不会觉得热得好像皮肤要融化了！可是，等一等，如果你姐姐喜欢天气很热呢？或者你的邻居一直希望下雨呢？这么一来，事情就复杂了！

科学家无法控制天气，但是有时候在需要时可以人工降雨。云是大量聚集的小水滴悬浮在空中。云里面的小水滴结合成较大的水滴时，就会形成雨滴，从天空落下来。科学家可以把某种化学药品洒在云里面，化学药品就会使云中的小水滴结合，形成较大的水滴，最后从天空中掉落。可是要在广大的地区使用这个方法，不仅很困难，还要花很多钱。

除了人工降雨，科学家也很想让雨停止来预防洪水，或是阻止大风暴的发生。飓风是非常大的暴风，海上广大区域的空气开始回旋时就会发生。到目前为止，我们还没有足够的资料可以预测飓风发生的时间和地点。

天气变得更热

　　如果地球在 1000 年的时间内每个地方都很缓慢地暖化，动植物应该能够适应这种变化。可是如果地球快速地暖化呢？

　　如果地球的气温在未来的 100 年中升高了许多，有些动植物也许能迁移到较凉爽的地方，有些则可能会消失。

　　许多科学家担心地球的气候暖化过于快速而正在设法解决这个问题，以免后悔莫及。但是很难断定到底整个地球暖化了多少，因为每个地方的气温都不一样，而且一年到头都在改变。幸运的是，到目前为止还没有升高很多。

　　为什么地球会暖化？因为阳光照射地球的表面时，热气并不是都能够散发出去，它被二氧化碳之类的气体封在大气层里（CO_2 是二氧化碳的化学符号），像毯子一样，在夜间保持地球的温暖。这种暖化效果有些是好的，若没有这样的效果，地球表面的气温会低于零度，我们就无法在这里住得很舒服。

　　可是由于煤、汽油、瓦斯等燃料的燃烧，而产生了越来越多的二氧化碳。这些用来制造电力、生产热能的燃料，却使注入大气层里面的二氧化碳越来越多，好像在为地球盖上越来越多的毛毯。再这样下去，地球一定会热得让人窒息的。

一直是阴天

如果天空一直是阴沉沉的，地球表面接收到的阳光就比较少，下的雨就会比较多。雨量变多的话，地球上生长的植物就可能被淹死，因而影响到地球上所有的生命。

另外还有一个重要的影响，就是我们对世界的了解会比较少。如果天空总是覆盖着厚厚的云层，我们可能就不会知道星星、月亮和太阳，甚至有可能连地球是圆的都不知道！

在很久以前，人们以为地球是平的。两千年前的希腊人埃拉托塞尼，发现了一个测量地球直径的方法，可以证明地球是圆的。他是在不同的地方测量一根竿子的影子，发现影子的长度各有不同。

要了解这一点，你可以想象自己站在太阳直射头顶的地方，这时你根本没有影子。现在想象你有两个朋友站在地球上别的地方，由于地球是圆的，你的朋友一定有影子。但如果天空总是阴沉沉的，你们三个人都不会有影子，这个实验就做不成了。

如果一直是阴天，人们可能还没有开始探索地球。在早期的航海时代，水手是靠着星星的位置来判断航行的方向。如果看不到星星，水手可能不会远离陆地，因为担心无法顺利回航，甚至从地球的"边缘"掉落，因为他们相信地球是平的。

太空旅行就更不用说了。如果天空一直是阴沉沉的，我们连星星和月亮在哪里都不知道，不可能会无缘无故往那里发射火箭，进入太空的人也不会带回有蓝白两色、又大又圆的地球照片！

东西往上升

你会很难捡起任何掉落的东西！钥匙、钱、球或糖果都会飞到空中。也许人要带着捕蝶网，才能捉回掉落的物品。可是"反重力"（东西往上升而不是往下掉）的作用也有好玩的一面，你可以把普通的地毯当成魔毯，乘着它上太空。

在人们实际登陆月球之前，作家裴乐·维勒（1828—1905）就曾写过一本书，书名是《月球之旅》，里面就提到了利用反重力的物质去月球旅行。没有人认为世间真的有这种物质，如果它真的存在，也会自己跑到太空去，除非有什么东西挡住它。

可是有一种物质确实会往上升，那是称为"氦"的气体。当然充满氦的气球往上升并不是因为反重力。那为什么它会飘起来？因为空气是气体，我们住在名叫"大气层"的空气之"海"底下。在真正的海里，比水轻的物质（譬如木头）会浮起来，而不是沉下。同样的，氦气球会飘起来是因为氦比空气轻。在氦气球上绑东西它也能升到空中——只要这个东西加上氦气的重量仍比四周的空气轻。

东西可以互相穿透

最令人开心的是，你可以穿过墙壁。如果爸妈说："你要做完功课才可以离开房间。"没关系，你可以直接穿过关起来的门，走出家门！而遗憾的是，捡东西时你不能让它穿过你的手掌。

在实际生活中，固体有一定的形状，不会轻易改变。一个固体穿过另一个固体时，会在上面留下穿过的洞。你把钉子钉在木头上，再把钉子拔出来，就会看到木头上有一个洞。大部分人不相信鬼魂，但是有些东西却能诡异地穿过墙壁，而不用打洞，那就是"球状闪电"。这是一种很不寻常的闪电，形状如同发光的球。球状闪电的移动比你在一般暴风雨中看到的闪电慢很多。还有一点和普通闪电不同的是，它不会在穿透物体时造成伤害。有些人看过球状闪电穿过房子的墙壁或飞机时，没有留下空洞。科学家还不能确定球状闪电是怎么发生的，也无法预测它什么时候会发生。

水不会蒸发

要穿上你的蛙鞋，因为水不蒸发的话，我们就会住在海里了！所有的水都在地球表面，没有一部分在空气里，所以永远都不会下雨。只有在湖水或海洋的水分蒸发时，才会下雨。要清洁空气、让植物生长，就必须有雨水。没有下雨，溪水和河流都会干涸。所以，如果水不会蒸发，地球上的生命大概只能在大湖或海洋里生存。

蒸发是液体（譬如水）转变成蒸气（液体的气态）的过程。水和其他物质一样，是由称为"分子"的细小粒子所组成。在液态时，水分子就像是任意游动的舞者，不过舞动的分子相互靠在一起，因为有强大的力量使它们聚集。可是水变热时，分子的动作会越来越快，如同在摇滚音乐会上跳舞的人。最后跳得够快的分子就会摆脱束缚，变成蒸气进入空中。

要了解蒸发的过程，可以想象你牵着一群小狗，每一只都用绳子绑着。如果有只小狗兴奋地不断跑来跑去，可能就会第一个挣脱你手上的绳子，自由跑开。同样地，动作迅速的水分子会甩掉其他的水分子，先蒸发出去。

巨大的水滴

想象水滴有水球那么大，只要淋到一滴雨，你就会全身湿透，甚至有可能受伤。

水滴有没有可能像水气球那么大呢？答案是不可能。雨一开始是云里面很小的水滴，掉下来时碰到其他的水滴而变大。大水滴就是沿路遇到小水滴而变大的，但是绝不会变得像水球那么大，原因是雨滴达到一定的大小时，会在掉下来的途中因为空气的摩擦而分散开来。

水是由细小的活动粒子所组成，这些粒子称为"分子"，会互相吸引。但除非有更大的力量让水分子聚集，否则雨滴或其他水滴不会像水球那么大。如果真有那么大的力量存在，露天冲澡会变得很辛苦，巨大的水滴会一再敲击你的头，而且那么大的水滴也不能用一条毛巾轻松地擦干。

水往上流

你也许会说："真的可以呀，用饮水机喝水的人都看得到水往上流。"可是饮水机是利用某种水泵让水往上喷，水本身只会往下流，而不是往上，因为有重力在拉扯。

瀑布是蒸发的水分变成雨和雪，形成河川和溪水的结果。瀑布往下流时，滑落的水具有很大的能量，如果用来推动水车，就可以把那种运动的能量转变成别的能量——电力。我们来假设瀑布底下的水可以自己流回到上面。如果真的有这种情况，我们就有很多方法可以免费制造电力，要多少就有多少，而不必等待雨或雪把水带回瀑布顶端。

要使瀑布的水回到上面，你必须用水泵把水抽上去。如果你有不会浪费能量的完美水泵，用来抽水的电力将会与落下的水制造出来的电力相当。可是完美的水泵并不存在，总会有些能量变成热能而浪费掉。要把水抽回到瀑布顶端，实际上的水泵耗电量会比流下的水制造的电力还多。

还有一种工具可以让水往上流，那就是"虹吸管"。虹吸管是充满水的管子，两端接着不同的装水容器。如果其中一个容器的水位比较高，水就会从水位较高的容器沿着管子往上流，再沿着管子进入另一个容器。

虹吸管是怎么把水吸上去的？你可以把管中的水想象成绳子，低水位容器里的虹吸管露出水面的部分较长，而且有较多的水，因此水绳子比另一边重。较重的一边垂下来时，管子另一边的水绳子就会往上流进管子。水分子之间的力量让它们聚在一起，使水绳子不至于断裂。

所有东西的颜色都相同

转一转电视机的颜色调节钮，看看你喜欢的节目变成绿色、红色或蓝色时，你会对节目失去兴趣，还是会逐渐习惯那种单一颜色的世界？

电视机里的画面变成一个颜色还没有什么关系，如果真实的世界也变成这样，不仅你会觉得无聊，大自然也会乱了秩序。动植物是利用颜色来吸引异性、寻找食物，或者赶走外敌。在单一颜色的世界里，动植物就要另外想办法来做那些事了。

可是怎样才能使所有东西都显出同样的颜色？决定物体颜色的因素之一是照在上面的光线，如果光只有一种颜色，假设是红色，那么照在物体上时，一切都会显出深浅不同的红色。所以，如果只有一种颜色的太阳光照到地球上，所有地球上的东西都会呈现那种颜色。

你也许会以为，确实只有一种颜色的太阳光照在地球上，太阳光又没有很多颜色。实际上，太阳光不只有一个颜色。白色的阳光混合了彩虹所有的颜色。光以波状移动，每种颜色的光都有不同的波长，每一种波长都会呈现不同的颜色。物质的颜色各不相同，是因为它们反射出的光波和光量都不一样。

蓝色的物体主要反射出蓝色的光波，红色物体主要反射出红色的光波，而反射每种颜色的光量都差不多的物体呢？如果每种颜色的量都很多，看起来就是白色的，如果每种颜色的量都很少，看起来就是灰色的。

白天的天空也是黑色

把你的太空服拿出来。如果天空是黑的，你就要穿着太空服才能呼吸。晚上的天空本来就是黑的，而如果连白天也是黑的，那表示这颗行星没有大气层，和月亮的情况一样。

地球的大气层主要是由两种气体所构成，一种是我们吸进去的氧气，另一种是氮气。

我们通常以为空气根本没有颜色，这也难怪，因为我们的视线可以穿透它。可是太阳光遇到大量的空气折射出去，进入我们眼睛的光就是蓝色的。这就是我们看到天空呈现蓝色的原因。

你有没有从很远的地方看过山？那些山可能也会泛着蓝色，因为你真正看到的是眼睛与远山之间的空气。山离得越远，看起来就越蓝，因为你是透过空气去看的。

天空的颜色并不总是蓝色的，要依大气层中空气以外的成分而定。有些地方的污染很严重，天空就会泛白，或比较接近棕色。

曲线前进的光

你就可以看到背后发生的事了。有人从你背后偷偷靠近时，你会马上知道，还可以转过身吓他们一跳！

如果光不是直线前进，就会弯曲绕过物体，来自你背后物体的光会绕过你，进入你的眼睛。想想看，那就是声音移动的方式。你可以听到从背后或别的房间传来的音乐声。声音要进入你的耳朵并不需要直线前进。

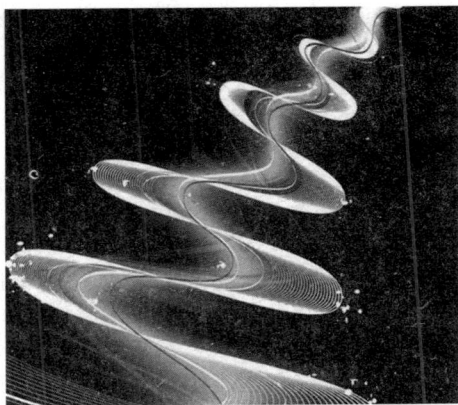

为什么光是直线前进，声音却不是呢？光和声音都是以波状移动，都是从产生的地方扩散出去。把一颗石子丢进池塘里，就会有圆圈从石子进入水中的地方扩散出去。光和声音都是这样传播的。如果扩散的波纹碰到插在水中的小树枝，水纹会绕过它；声波就是这么移动的。但如果扩散的波纹碰到大的物体，就会受到阻碍，而无法绕过去。光波通常无法绕过物体，因为光波遇到的大部分障碍物都比它们的波长长。

有个方法可以让光波弯曲，你可能也做过很多次了。你有没有试过把吸管放在水杯里？那会显得好像水面上方的吸管和下面的部分并不相连。这样的错觉是光的折射引起的。折射是光从一个媒介到另一个媒介时的方向改变。例如从空气进到水中或杯子里。光在水和玻璃中的传播速度比在空气中慢，所以在进入不同的媒介中时会弯曲。

光走得很慢

想想每次你打开电视就会看到昨天发生的事，这就是光走得很慢时，我们生活中会有的感觉。要等到事情已经发生很久了，你才会看到。这样你就会活在过去中。

在真实的世界里，光的速度是最快的，每秒钟可以前进约30万公里。你眨一下眼睛，光就已经走了32 000公里。我们要看到东西，就必须有光通过那个东西反射进我们的眼睛。地球上的东西几乎都可以立刻让我们看到，没有时间上的间隔，因为光传播的速度是那么的快。

但是假设你透过望远镜观看远方的星星，你真正看到的是许多年以前的星星。光确实要花很多时间才会抵达我们这里，让我们看到远在太空中的物体。在这样的情况下，我们确实是在观看许久以前发生的事。

就算光移动得很快，可是它会不会在中途慢下来？记得本书的前言提到过的小时候的爱因斯坦吗？他曾想到过追赶光的问题。从而我们了解了光在太空中的传播速度是永远不会改变的。他长大后成为科学家，并提出了震撼世界的理论，称为"相对论"。理论提出，光的速度在太空中始终保持不变，但是物体以超快的速度经过我们时，时间和物体的长度会改变。

看得见的声音

你的脑海里会充满影像——你所看到和听到的物体。我们实际上无法用眼睛看到声音，却能够制作声音的影像。

医师用称为"超音波"的声波来拍摄还在母体内的宝宝照片。超音波的波长很短，我们无法用耳朵听到。超音波进入母体内，从胎儿折回机器，机器就会将声波改换成影像。情况类似用来拍摄骨头或牙齿、名叫"X光"的光线。

蝙蝠和海豚都是天分高于人类的"声音艺术家"。蝙蝠会不断"嘎嘎"发出人们听不见的超音波，海豚则会对着黑暗的大海发出一连串"叽叽"的声音（很像生锈的门铰链声）。嘎嘎或叽叽的声音会从物体上弹回，返回蝙蝠或海豚那里。

它们根据听到回声所需要的时间，就可以判断距离把声音弹回的物体有多远。这个过程称为"回声定位"。

回声定位不仅能透露物体的距离，还能让蝙蝠知道物体的大小和形状。没有人知道蝙蝠或海豚头脑里的结构，但是科学家认为，蝙蝠和海豚是根据它们的回声来了解周围环境的。你觉得声音产生的影像会是什么样子呢？

在黑暗中看见回声

你可以在晚上 10 点过后玩棒球，或是在黑漆漆的房间里看书。即使是三更半夜，你也看得到屋外的东西。

我们看得见东西，纯粹是因为有看得见的光波进入眼睛。但即使物体没有发出可见光，还是会发出其他的波，我们用别的方式就可以察觉。温度比四周环境高的物体会发出热波，又称为"红外线"。红外线是一种光，只是它的波长比可见光长。

你的手碰到屋里不同的物体时，可以感觉到某些发热的物体所传出来的热量。有些蛇能够在没有一丝光线的地方感觉到热，借这个方式来"观看"环境。这种蛇也能知道附近是否有动物，因为动物的身体会发热。

人类通过运用热或红外线来产生影像。红外线很容易使用。海岸警卫队备有装设红外线侦测器的直升机，可以在夜晚用红外线找到在海上遇难的人。军队也用红外线导弹来攻击其他飞机的热引擎。有些房子甚至有红外线侦测器，一有人走近，灯光就会点亮。虽然眼睛看不见红外线，却可以用软片拍下来。而根据这个原理发明的眼镜就可以看到红外线，因此士兵会在夜间戴上这种眼镜，以便看到东西。

过去所有的时间都缩短成一年

或许你觉得一年是很久的时间，可是宇宙已经存在了 150 亿年，地球本身也有约 50 亿年的历史。10 亿是很大的数字，大多数人很难想象那有多大。假设所有过去的时间都缩短成一年，我们就可以了解 150 亿年究竟有多久。

如果 150 亿年缩短成 1 年，一般认为这一年是从一场剧烈的爆炸开始的——有史以来最盛大的新年庆祝会。科学家相信我们的宇宙来自于一场巨大的爆炸，称为"大爆炸"，那是在 150 亿年前发生的。

早期的宇宙没有行星、恒星或银河，只有光和粒子在高速"咻咻"地奔窜。粒子互相碰撞形成较大的群体，产生恒星和银河。这些群体是因为重力而互相吸引的。

如果所有的时间都缩成了一年，恒星和银河会在 3 月产生。我们的太阳系，包括地球、太阳和其他 8 个行星大约是在 9 月时出现。地球上第一个生命则要到 10 月才会诞生。

到了 12 月，也就是想象中的最后一个月，第一只哺乳动物才出现。而人类直到这一年的最后一分钟才现身！汽车、电灯、飞机都不过是十五分之一秒前发明出来的——跟一眨眼的时间差不多。

去未来旅行

对许多人来说，只是瞥一眼未来并不够，还要进入到里面体验才行。去未来旅行一直是科幻小说和电影多年来的题材。

想象你只要进入神奇的机器中，按几个按钮指定你想抵达的时间，机器就会带你到那里。你可以看到你未来的情况，或是世界转变后的模样。当然，你会希望买好回程的车票！

你知道吗，也许有个方法可以去未来旅行！科学家已经懂得利用比家里的冰箱还冷的冷冻库，将某些动物以超低温冷冻。时间对冰冻的动物来说是静止的，直到它被解冻，重新活过来为止。动物虽然是冰冻的，却没有死，身体也不会老化。当然，在这种情况下，时间并没有真的静止。动物好像睡着了，在未来某一天醒过来。也许有一天，人类能够用这种方式去未来旅行。不过到目前为止，科学家还没有找到让冰冻的身体活过来的方法。

另一个去未来旅行的方法是以接近光速的速度旅行。物体前进的速度接近光速时，时间就会慢下来。时钟在高速移动的空间中，走得比较慢。人在高速移动时，会好像生活在缓慢移动的时间里——至少看到太空船高速经过的人会这么觉得。不过时间慢下来并不是幻觉，人在高速前进的太空船内并不会察觉有什么不同，要等到回到地球才会知道。

如果你用超高速飞行，你会发现，你只去了一个星期，地球上的时钟却已经走了 100 万年。而太空船上的时钟却显示出，你这趟旅行只花了一星期！你回到地球时，一切都会变得很陌生，你的朋友也都不在了。

当然你还不能计划这种旅行。要制造出速度接近光速的太空船，可能还需要很久很久的时间。

去过去旅行

你曾经希望回到过去，做点不一样的事吗？或者回到几百年前，看看当时的情形？

如果真的可以改变过去，你就能看到小时候的自己，而给自己各种有益的忠告。可是你小时候的自己可能不会相信你是来自于未来。如果有个年长的人自称是未来的你，你会相信他吗？

如果能改变过去，你可能会连带地改变现在，你就根本不存在了！譬如你不小心做了什么事，使得你的父母无法相遇呢？如果他们没有见过面，你也没有出生，那么你怎么会回到过去呢？这样的问题让大部分的人认为，回到过去是不可能的。

还有其他原因使大部分人认为不可能回到过去。如果未来有人懂得怎么做时间旅行，我们怎么会没有注意到来自未来的时间观光客？即使他们不想引起注意，你也会希望找到时间观光客来过的证据。过去有许多重大的事件，像签署《独立宣言》，对时间旅行者来说会是很大的"观光点"。

大部分人不相信可以去过去旅行，但是有一些科学家还是抱着希望。宇宙中有星球烧尽时，就会产生黑洞。有些科学家认为某些黑洞可以用来做时间旅行，这种黑洞称为"虫洞"。

地球上的虫洞是虫子挖掘的地道，用来连接不同的地方。至于星球造成的虫洞，一般认为可以连接两个不同的时间和地点。如果你跌进那样的虫洞里还能活命，应该会从不同的时间和地点出来，那也许就是过去。真的是这样吗？虫洞是否真的存在，没有人可以确定。

汽车不需要燃料

如果汽车行驶不需要燃料，所有石油公司和加油站都要关门，我们开车永远都不需要加油，也不必担心在偏僻的高速公路上没有油了。

可是到目前为止，大部分汽车还是要靠着燃烧汽油之类的燃料来产生能量。燃料燃烧时会借着汽车引擎内的小爆炸放出能量，这种小爆炸让引擎转动，引擎转动带动轮胎，使汽车行驶。可是汽车燃烧燃料时，会从后面的排气管排出污染空气的化学物质。

要去除汽车的污染物，我们就必须发明能利用不同能量的汽车。太阳能汽车是直接从太阳光取得能量。车顶上特殊的太阳能板可以把太阳光转化成电力，使汽车行走，这是另一种能量。太阳光提供的能量是免费的，可是太阳能汽车的制作成本很高，而且不能开很快。

可是也许有那么一天，大部分的汽车都能靠电力来行驶。电动车是用大电池供电，不会产生污染。电池里面有化学物质，能够储存能量。这些化学物质产生反应时，就会制造电力，电池因此失去能量，或逐渐耗尽。电动车的电池需要每个晚上接上电源，重新充电。

当然电力不是免费的，发电也会造成污染。电力来自于发电厂，可能也要燃烧一些化石燃料，才会产生电力。所以电动车不会直接造成污染，但是还是会间接造成发电厂排放的污染物。

没有人发明电灯

请大人在某个夜晚点上几枝蜡烛，关上电灯，你就会知道世间还没有电灯时，晚上是多么的黑暗。在烛光下，也许你可以勉强看书。但是看电视并不需要很强的光线，可如果没有人发明电灯的话，当然就不可能有电视！

电灯是在一百多年前由爱迪生发明的。还没有电灯时，人们晚上是用蜡烛、油灯和瓦斯灯来照亮室内。可是蜡烛、油灯和瓦斯灯经常会倾倒，而造成火灾。

爱迪生也想到建造发电厂，将电传送到民宅。一般屋子有了电之后，除了照明，还可以有其他的用途。

电灯泡是如何发光的？灯泡的主要组成部分是灯丝，这是一条很细的金属丝线，装在玻璃灯泡里。电力经过灯丝时，它会变得很热，热得让灯丝发光。使用家里的烤面包机时，你也可以看到里面的金属丝在发光。

打开烤面包机的开关，金属丝就会发出明亮的光线。由于灯泡的灯丝比烤面包机的金属丝热，因此灯泡较为明亮。

现在我们使用的部分灯泡并没有灯丝，例如荧光灯。荧光灯泡的内层有一层物质，碰到紫外线就会发光。它不会像平时用的灯泡那么热，因为有较多能量转变成光，而变成热的能量比较少。

新式的灯泡能节省能源，产生的光和灯丝灯泡一样多，耗用的电力却比较少。因此，使用荧光灯泡也是保护环境的方法。

没有人发明时钟

如果这个世界没有时钟，也许你只是觉得不会有闹钟，无法知道做功课的时间或什么时候该上床。再想想看，没有钟表的世界也意味着没有电脑（或电脑游戏），没有收音机，更没有电视。

制作时钟的技术也用在其他许多装置上，我们在日常生活中却都视为理所当然。电脑利用内部的时钟来运作，没有时钟，就不可能发明电脑。没有制作时钟的技术，我们也不会有收音机和电视。

没有时钟，世界会是完全不同的，探险家永远也到不了美洲。没有表示时间的工具，要搭乘船只跨越大海根本就不可能。早期的水手是用星星来辨别方向，可是星星会随着地球的自转在夜空中移动。要利用星星来寻找方位，你必须知道当时的时间。

几千年以前，人们就懂得利用太阳来推算时间。他们使用的日晷，其实只是插在地上的棍子。太阳在不同的时间照射地表，棍子的影子会做相应的移动，人们就是用棍影的位置来了解当时的时间。可是晚上和阴天时，日晷就派不上用场了，人们就改用有时间刻度的蜡烛钟。当蜡烛从一个刻度熔化到下一个刻度时，他们就知道一个小时过去了。

最早的机械钟是在大约 600 年前发明的，但不是很准确，直到 300 年后才有所改善，那是因为意大利的科学家伽利略（1564—1642）发现了钟摆原理。他发现钟摆摇晃一次所花费的时间是一定的，所以要确定时间，只需要计算钟摆摇晃的次数即可。更理想的方法是，在时钟里面装个钟摆，时钟就会自己计算钟摆摇晃的次数。钟摆每晃一次，时针就会往前移一点，而指出当时的时间。现在你仍然可以看到根据这个原理制造的、旧式的落地时钟。

电脑像人一样思考

在电影里面，超级电脑有时会征服世界。但是在目前的真实世界，电脑只能做人们命令它做的事。

对电脑下命令的人称为"程序设计师"，他们会写出电脑必须听从的指令（方程式）。电脑能执行他们所下的命令，就像机器人装着人的头脑，在执行任务。现今已有很多机器人能够做复杂的工作，直接由电脑来掌控。名叫"陆地漫游者"的机器人车辆能从火星表面收集资料，再用无线电传回地球。还有其他种类的机器人，例如在生产线制造汽车的机器人等。

还有一种陆地漫游者会使用电视摄影机、激光和雷达，也能够改变行进方向，闪避路上的障碍物。从某方面来说，机器人认识世界的方式和人一样，它的电"脑"能够因应来自环境的新资料，也能够根据从这个世界学到的东西调整自己的行为。可是，电脑真的能够思考吗？答案是否定的。人还是要给它们编程序（下命令），告诉它们如何作选择，要往左、往右，还是直走。

对于电脑是否能够思考，科学家的意见并不一致。问题在于"思考"的定义。目前电脑已能做出某些远超大部分人智能的事情，譬如计算、追踪人造卫星，或者下棋。可是人们还是有很多事情做得比电脑好，譬如辨别面孔或交谈。要知道电脑是否能够思考，科学家有一套测验电脑的方法。

恐龙还活着

可能会有些道路标识写着："小心恐龙穿越"；三觭龙炖肉会是一道很受欢迎的家常菜，或者根本就不会有我们人类。如果恐龙还活着，远古时代的人类恐怕很难生存。

每一只恐龙都已经从地球上消失，所以我们说它们"灭绝"了。有些人认为恐龙一定是遇到什么灾难，才会灭绝的。可是恐龙曾经在地球上很活跃，存活的时间比人类长很多。

为什么恐龙会在人类出现之前消失不见呢？没有人可以确定真正的原因。最大的可能是，地球的气候发生了巨变。许多科学家认为，气候的巨变发生在6500万年前，当时有一颗巨大的陨石击中地球。大陨石会在大气层中产生一大片尘埃，使地球的气温降低。就是这种较冷的天气使恐龙和当时其他的大型动物都灭亡了。

为什么像恐龙这种大型动物很难生存？在大自然中，小动物比大的动物多。大的动物会吃较小的动物或大量植物。动物的身体越大，在一定的区域里就越少，因为没有足够的食物供应给它们。

就算恐龙没有消失，人类还是有可能活下来。我们的智力可以对抗恐龙庞大的身体和力气。早期的人类就曾顺利地猎杀非常大的动物，而那些动物现在也已灭绝了。如果恐龙没有在6500万年前消失，它们可能也会在人类在这个星球上扩散时灭绝。

让恐龙复活

你可能会看到写着"征求小恐龙认养人"的公告。可是大部分人应该都不会想要收养小恐龙，因为那种小宝宝不仅需要很大的院子，可能还会因长得太大而害死主人。

在电影《侏罗纪公园》中，科学家从封在琥珀中的蚊子体内发现恐龙的DNA，而用它来制造活恐龙。DNA是每个生物细胞中都会有的分子，含有每个生物要如何生长的密码。

科学家把恐龙的DNA放进鸵鸟蛋里，借以孵出活恐龙。蛋孵出来时，科学家就确定了DNA真的产生小恐龙了。

你也许会说："那只是电影罢了！"目前科学家根本无法制造剑龙、翼手龙等恐龙，可是他们无法一口咬定说那是不可能的。即使恐龙已经消失了6500万年，它们有些DNA可能还留在化石（保存在地层中的一部分古生物）里面。

如果我们真的让恐龙复活，没有妈妈恐龙和爸爸恐龙，它们要怎么活下去？我们又怎么知道要喂它们吃什么？有些科学家试过从恐龙排泄物的化石中了解恐龙的食物，但结果发现它们有许多食物已经不存在了！

即使我们知道要喂小恐龙吃什么，但要在现在的社会养育它们也是很困难的。像恐龙这种巨大的动物，需要很大的开放空间，譬如森林、沼泽或草原，才能让它们充分活动。如果被关在动物园里，只是为了让人类观看，它们可能会很不舒服。就像《侏罗纪公园》里面的情节，如果恐龙脱逃，问题就严重了。

所有的动植物都消失

也许你觉得杀死蟑螂、拍死苍蝇或踩死蚂蚁没什么大不了的，可是如果有一天所有的昆虫都不见了呢？或者所有的植物和动物都消失了呢？有一个结果是可以确定的，那就是你也不会在这里。

人类依赖动植物的程度远大于我们的想象。没有动植物，我们就没有食物。没有植物，我们甚至无法呼吸。在一般称为"光合作用"的过程中，植物吸收二氧化碳（人类呼出的气体），然后释放出氧气（人类吸入的气体）。

动植物有没有可能在一夜之间消失？一群长相类似，而且可以互相交配的生物，称为一个"物种"。一个物种灭绝就表示它们全部死亡，没有一个留下来。在整个地球的历史中，有很多物种灭绝了。有时候会有大量的物种突然在同一时间灭绝，这种情况称为"大灭绝"。6500万年前，恐龙和许多动物就曾在同一时间集体灭绝。

这种大量的死亡可能是剧烈的气候变化所造成的，可是在现今，动植物灭绝的最大原因是人类。人们开辟土地来建造农场、房屋、牧场或者高速公路时，在那里生活的动植物通常都会死亡。有些死得很快，有些是挣扎过后才步入死亡。生物无法适应新的环境时，就会快速死亡，最明显的例子就是热带雨林。

停止发光的太阳

可怕的是，太阳总有一天会停止发光，不过那是 50 亿年以后的事情，到目前为止，太阳发光的时间已经很久了。

太阳实际上是一颗星球，它看起来比其他星球亮，是因为其他星球与我们的距离都远比太阳远。有些星球是红色的，有些是蓝的，还有些像太阳一样是黄色的。星球的颜色要依它的温度而定。你觉得红色和蓝色星球之间，哪一颗比较热？如果你猜是红色，那就错了。人们总是觉得"热红"、"冷蓝"，可是就星球来说，蓝色是最热的，而红色的温度比黄色或蓝色都要冷。

太阳看起来每一年都差不多，可是它和其他星球相同，都会因为不停地散发光能而改变。任何散发光能的物体都会有某方面的改变，和营火一样，太阳和所有星球最后都会烧尽。但是，你不需要担心，这件事要等到几十亿年以后才会发生，到时候我们可能已经搬到围绕其他恒星的行星上居住了。

太阳的寿命快要结束时，会变成科学家所说的"红巨星"。它会变成红色，尺寸比现在大许多，事实上它会膨胀到几乎要把地球吞掉。试想象一下，你抬起头来看到红红的太阳占满了整个天空！当然到了这个地步，地球会变得非常炎热。这个大红太阳实际上的温度比较低，但是因为尺寸大了很多，散布出来的热远比小太阳多。觉得奇怪吗？再想象炉子上有一壶热水，还有一根火柴的火焰。火焰比水热，可是热水释放出的热远比火柴多，因为里面含有很多热能。

明天太阳不升起

白天会和夜晚一样黑，公鸡不知道应该在什么时候啼叫，人们也会大声嚷着："世界末日到了！世界末日到了！"

古人通常以为"日食"（太阳被月亮挡住）表示世界就要结束了，因为日食的发生很突然，事先也没有征兆。他们觉得那是上天告知的方式。现今我们知道日食是怎么发生的，也能够预测发生的日期。

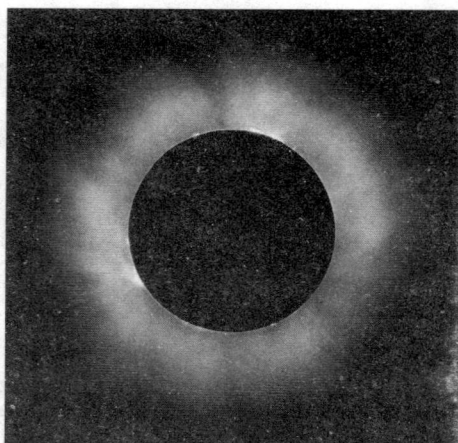

实际上，太阳并不会升起，它只是看起来在升起而已。太阳之所以会好像每天都在升起，原因是地球每天都会绕着地轴转一圈，在旋转时，太阳渐渐露出来，最后升到地平线（天空与地面接触的地方）上。惟一会让我们看不见太阳"升"起来的情况，是地球转动的速度变慢，或是地球不再转动。

如果有非常大的小行星从正面撞击地球，可能会使地球转动的速度变慢，甚至几乎停止。也许有一天小行星会撞到地球，可是真的撞到地球，让地球停止转动的几率接近于零。没有一颗大的小行星有这种会撞击地球而使地球停止转动的威力。

地球不绕着太阳转

地球围绕太阳旋转的轨道实际上是椭圆形的（椭圆形就像压扁的圆形）。这个"扁状的圆形"轨道，使得地球与太阳的距离在一年中会不断改变，有时候太阳离得比较近，有时候离得比较远。许多人认为四季就是地球与太阳之间的距离改变所产生的，可是实际上并不是。比起太阳与地球的距离改变，地球的倾斜对气候的影响要大得多。这就是为什么北半球是冬天时，南半球却是夏天的原因。

这里还有一个让人惊奇的现象：太阳系其他九个行星也都是沿着椭圆形的轨道旋转。一般而言，这些行星的轨道和地球一样，都有点像是稍微扁掉的圆圈。行星轨道是椭圆形的和重力有关。太阳和一颗行星之间的重力把行星拉向太阳，同时让行星保持在轨道上。

要了解这个情况，可以想象有个石头绑在长绳子的一端，在绳子的牵动下绕圈子。绳子如果断了，石头会以直线飞出，因为绳子再也无法拉住它。而在地球环绕太阳的轨道上，太阳和地球之间的重力就有点像是使石头保持在圆形轨道上的绳子，没有太阳的重力，地球会呈直线飞走，再也不会绕着太阳转。不过，地球的轨道不是完美的圆形，因为重力并不完全像绑着物体的绳

子，而是比较像可以轻易伸缩的弹性绳子。

事实上，行星离得越远，太阳的重力对行星的拉力就越弱。以这种弹性绳子绑着，石头环绕的形状不是圆形就是椭圆形，依你怎么用力而定。地球和其他的行星，以及连接太阳与那些行星的重力也是同样的情形。科学家认为，行星原本是由漩涡般绕着太阳转的尘埃和岩屑所形成的。行星刚刚形成时，轨道可能是圆形，也可能是椭圆形，但是圆形轨道随时都有可能受到挤压，而成为椭圆形，变成椭圆形的轨道比变成圆形的几率大很多。所以行星的轨道在刚形成时就不太可能是圆形的。所有的行星都是沿着椭圆形的轨道环绕太阳旋转。

两个太阳

那样的话，日夜和四季都会变得很混乱，或者不会有很大的差别，要依两个太阳离多远，还有与地球的距离而定。

夜空中的星星其实都是太阳，其中有许多还是成双成对的，彼此靠得非常近，以至于从遥远的地球上看，很像只有一颗。这些成对的星球也是绕着彼此行进。如果没有这样，两者之间的重力会让它们撞在一起，只留下较大的星球。

如果我们的太阳也是这种"双星"呢？地球的轨道会是什么形状？有两个可能性，第一个是，地球轨道会有比两个太阳环绕彼此的轨道大很多。这两个太阳在天上绕着彼此转动时，会靠得很近。总会有一颗在前，然后转到后面，这样会改变照到地球上的光线颜色和分量。

譬如说，其中一个是巨大的红太阳（称为大的红星），另一个是小小的白太阳（称为小的白星）。

小白星经过大红星，再绕到后面时，照到地球上的光线会从白变成红。我们必须创造新的字眼来形容白天和晚上。也许在明亮的白太阳跑到大红太阳的后面时，可以说那是个"红色天"，而在明亮的白太阳跑到前面时，就说那是个"白色天"。和户外的一切都泛着深浅不一的红色调相比，白色天会较为温暖、明亮。

而第二个可能性是，两个太阳离得很远，地球距离其中一个比较近。在这种情况下，白天你会看到较靠近的太阳，而较远的太阳如果够远，在晚上看起来会和一般的星星没什么两样。

月亮掉下来

为什么月球不会像陨石一样飞过天空，落到地球上？我想很多人都想过这个问题吧，地球的重力足够将月球吸过来，月球也没有什么支撑它。

月球并不只是高坐在地球的上空，它也在沿着轨道环绕地球，而这个轨道一直都没有改变。牛顿是第一个能够解释月球为什么不掉落的人，他的说明如下：

想象我们建了一座高塔，顶端高得超越地球的大气层。如果你把一颗石头从高塔顶端丢下来，石头会掉在高塔的地基附近。现在假设你把石头往旁边丢，它会落在离地基很远的地方。如果你丢的速度快一点，它会离得更远。再如果你丢石头的速度远超过任何人，石头会离开地球，开始绕着地球转动。

月亮离地球更近

如果月亮离地球比较近，月亮在空中会显得很大，它的地表也会让我们看得很清楚。不会有人问："你看到月亮了吗？"或"今晚的月亮在哪里？"，大家会说："啊，你看，那是'哥白尼陨石坑'！"或者"那是宁静海"。

物体在我们眼中的大小是由它本身的尺寸和远近来决定的。月球和太阳看起来差不多大，但太阳的直径却是月球的 200 倍。太阳看起来和月球一样大，是因为太阳离地球的距离是月球离地球的 200 倍。

不过如果月球离得比较近，会改变的并不只是它在空中的大小。你可曾在海边注意到海水一天有两次涌上陆地又退回去？大海的这种改变称为"潮汐"。月球重力对地球的作用是产生潮汐的主要原因，它的作用对较靠近的地球表面影响比较大，对较远的地方就弱了一点。不同的拉力使得某些地方的水位上升，而产生潮汐。

如果月球离地球近了很多，它的重力会更强，地球上的潮汐也会更猛烈。涨潮时，水可能会淹没几公里的陆地，接近大海的地方会闹水灾，退潮时水也会撤离好几公里，而且这样的事情一天要发生两次。在开始涨潮时，你绝对不想靠近海边！

没有月亮会怎样

　　九大行星中，只有水星和金星没有卫星（月球）。如果没有月亮，地球就不会有任何潮汐，大海不会涨潮或退潮。大海旁边只会有一条很窄小的湿地，而大海与陆地之间的分隔地带如此狭小时，地球生物的进化过程会很不一样。

　　地球上的生物原本是在大海中开始进化，水中的生物后来爬上陆地，进化成动物。早期的陆地动物可能像螃蟹一样生活，大部分时间都在每天有涨、退潮的海边。它们就是以这种方式逐渐适应陆地，但大部分的时间仍然泡在水里。

　　潮汐如果小了很多，水中的生物会很难适应陆地。所以没有月球，所有生物可能都还留在家乡，也就是大海里。

搬到月亮上面住

从太空船走下来时，你会兴奋得跳个不停。在月亮上轻轻松松就可以跳得很高，因为它的重力只有地球的六分之一。这表示你的体重在月球上只有地球的六分之一。由于月球比较小，它的重力也就比地球小。

你四处张望，一切都是静止不动的。你拍手时，朋友听不到声音，因为没有空气传送声波。四周的天空都是黑的，不论白天或晚上，因为月球没有大气层。

为什么月球没有大气层？大气层里的分子会往各个方向移动，如果拉扯的重力不是很强，有些分子会离开大气层进入太空。地球的重力强，因此能避免氧气和其他分子飘走。就算月球曾经有大气层，分子也会因为重力很小而全部飘进空中。没有大气层，月球就没有氧气让人呼吸。你可以穿上太空服，或待在密闭的房间里，仍然要依赖从地球带来的氧气。

太空服会在日夜温差很大时保护你。白天的温度会达到130℃，好像在烤箱里烤，而到了晚上，气温会降到零下170℃。气温变化这么大，是因为没有大气层来避免热气散发到空中。

你会觉得这个叫做月亮的大星球很难生活。可以舒舒服服地在地球上过着正常的生活，为什么有人想要搬去月球上住呢？也许他们是把月球当成进入太空的跳板。

由于月亮的重力小，在月亮上发射火箭会比在地球上简单许多。如果我们经常上太空旅行，将月球而不是地球当成出发点，也许是很合理的事。启程去其他行星之前，先在月球上仰望天空，看看地球。你也许会想跟家乡的朋友招招手。

去水星旅行

想象你走在离太阳最近的水星上。日出时，水星的天空整片都是巨大的太阳，比从地球上看要大 3 倍。太阳升起之后，天空仍然是黑的。

可是水星本身实在是太明亮了，没有太阳眼镜会很刺眼。水星的气温上升很快，从 10℃ 到 38℃，再到 260℃，很快就热得快要熔化了。在水星长达 3 个月的白天里，最后会达到 350℃，足够熔化铅，而这时你当然早就被烤熟了。

也难怪水星会热到这种地步，因为它是靠太阳最近的行星（比地球近 3 倍）。但是，由于水星缺乏可以保留热气的大气层，夜间的气温会降到 -170℃。这比地球上的任何地方都要冷。没有穿着太空服，不用几秒钟你就结冰了。

水星的日夜温差比太阳系的其他行星大，这是因为水星绕着轴心自转的速度非常慢，要 176 天才会再出现另一个日出，而地球只需要 1 天。这表示水星的白天和晚上各有 88 天，因此到了晚上，天空没有太阳时，气温会大幅下降。而在另外的 88 天里，气温又大幅升高。

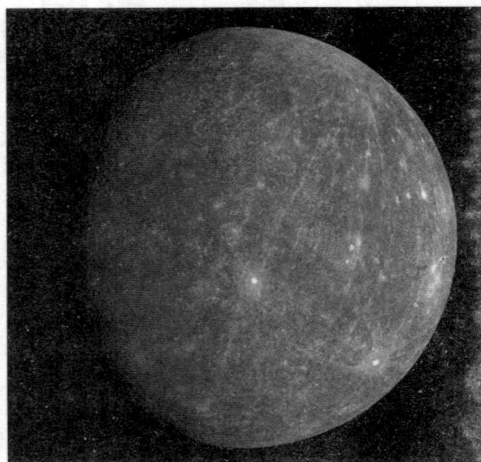

惟一可以免于遭到热烤或冷冻的地方是，介于炙热白天和冰冷夜晚之间的狭长地带。因为行星一直在自转，这个地带也会随着移动，你必须不停地追逐，一天要走 86

公里！

假设你穿着防热、防冷的太空衣，登陆到了水星。你会发现你看不到月亮，因为水星没有卫星。不论白天或夜晚，都只能看到有星星闪烁的黑色天空，就像在我们的月球上。事实上，水星从很多方面来说，都和月球很像。水星的重力没有大到可以留住大气层。在水星上，你的体重不到在地球上的一半。

水星的表面也和月球非常相似，有很多火山口（圆形的凹陷或洞口，由陨石的撞击造成），完全没有水。就算曾经有水，也会在很久以前就蒸发掉了。

是的，也许不要实际去探访水星，只从我们的星球观察它是最好的选择。不过要观察它并不容易，因为水星离太阳太近了，从地球上看过去，大部分时候它不是直接面对着太阳，就是在太阳后面。惟一看得到的时候是日出前或日落后的短暂时刻，太阳在地平线下面，而水星稍微高于地平线。

去金星旅行

你会被烤焦、挤扁，而且会中毒，或被化学物质腐蚀掉。金星是第二个靠近太阳的行星，可能也是太阳系中最糟糕的星球，让人无法靠近。也许金星并不值得上去探访，因为上面的环境对生物来说太严苛了。但如果有人愿意自找麻烦，或许可以建一艘太空船上去。进入金星的大气层时，你会觉得好像在穿过巨大的黄色棉花糖球。这个行星被一层厚厚的黄色云雾所包围，那是由二氧化碳和硫酸所组成，生物一吸入就会死亡。

金星周围有云层，会留住热气，使得金星上的表面温度达到480℃，比水星还热。金星的大气层也比地球的厚，如果你站在金星的地表上，大气会立刻把你挤扁，以地球大气的90倍的压力把你往下压。"大气压"是大气加在1平方米面积上的重量。

如果你敢在金星上呼吸，你会因为二氧化碳而窒息，还会淋到硫酸雨滴。那里的云是黄色的，原因就是有硫酸。这种物质的破坏性很强，可以熔解大部分的岩石和金属，可能连太空船也会熔化。

虽然金星上没有水和生物，却有壮观的美景——但要你能透过它厚厚的云层亲眼看到。上面的高山和深谷都比地球的险峻，最高的山称为"麦斯威尔"，有11千米高。虽然金星跟地狱一样糟糕，但是从地球上看，它确实又美又明亮。在日出前或日落后的短暂时刻，可以在天空下方看到它。因为这个原因，金星有时候被称为"晨星"或"黄昏星"。当然，它是行星，不是恒星。行星会发光只是因为它反射出太阳光。

去火星旅行

你会想要带凿子和铲子去，也许能在那里挖到古火星生物的化石。无人的太空船曾到达火星，没有发现有生物存在的证据。但是科学家研究从火星落到地球上的陨石，发现火星也许曾经有生物存在。他们找到类似微生物化石的东西。不过有些科学家不确定陨石中所含的是真的化石，或许是很像化石的东西。

火星是太阳系的行星之一，就算以前有生物存在，我们也不会很惊讶。火星是第四个接近太阳的行星，是所有行星中与地球最相像的。它每 24 小时绕着轴心转一圈，和地球一样。火星也有四季，因为它的轴心倾斜的程度和地球差不多。这个行星的北极和南极甚至也有冰山，就像地球。

整理行李出发之前，你应该知道，火星还是有很多地方和地球不一样，有些地方会让人很不舒服。火星环绕太阳转一周的时间比较长，火星的一年相当于地球的两年。好吧，你可以过着一年有两年长的生活。你可以接受它的夏季气温。火星的夏天相当凉爽，才 20℃。

可是你不会想要在冬天去火星，因为会让你冷到极点，达到 - 140℃。冬天和夏天的气温之所以有这么大的差异，是因为火星的大气层又薄又干，无法留住很多热气。大气层主要的成分是二氧化碳，也含有很多红色的微细尘埃。红色尘埃使火星的天空呈现美丽的粉红色，有时候会刮起强风，把所有微细的尘埃卷到空中。

火星从来不下雨，因为它的地表上没有水。可是它的地表像是有干枯河床的痕迹，这就表明这座行星可能以前有水。火星可能还有水冻结在地表下面，而如果地底下有封存的水，会不会有冰冻的生物存在？我们还无法得知。

去木星旅行

在太阳系中，木星是所有行星中最大的，比其他行星加起来的两倍还要大。如果木星是中空的，它可以容纳一千个地球大小的行星。从它庞大的体积可知，其重力也远比地球大。在木星上，你的体重会是地球上的两倍半以上。当然，这要看你能不能在这座行星上站立——其实不能，因为它没有坚固的表面。

木星是第五个靠近太阳的行星，与太阳的距离是地球的5倍，因此只能照到很少的阳光。事实上，地表的气温冷到只有–110℃。木星主要是由氢和氦气体所组成，这两种气体地球也有，但是木星冷到使这些气体在内部成为液状。木星只有最里面的地方（核心）是实心的，可能是由岩石和冰构成的。

奇怪的是，这颗行星其实没有表面，里面的液体和上面的大气层并没有明显的分界。要在上面"登陆"的太空船会陷在大气里，气体越来越浓，直接变成液体。浓厚的大气主要是由氢和氦所组成，这么轻的气体如果是在较接近太阳、重力也比较小的行星上，早就飘散到空中了，但是在冰冷的木星上不会。

去木星的路上，你可以研究木星的大红斑，在地球上用望远镜就可以轻易看见。这个斑点是大风暴，至少已经持续了300年。这场风暴是猛烈打转的气体，比整个地球还大。你也会发现这个行星并不怎么圆，它绕着地轴转动的速度太快，每 10 个小时绕一圈，因此有点扁，有点像是一块匹萨被丢到空中转动的样子。

你的太空船靠近木星时，可能会很想从它 16 个卫星中选一个停靠。其中有 4 个很大（对卫星来说），在地球用望远镜就可以看见。

有一个约有水星的一半大，称为"埃欧"，比月亮大一点。它很有特点，特别值得上去看看。除了地球之外，太阳系就只有两个地方有活火山，埃欧是其中之一。埃欧的颜色很像匹萨，可别想要咬一口哦！

去土星旅行

如果你在探访土星之前，先在木星上逗留，你就会对土星有大致的了解，从而做好心理准备。土星几乎与木星一样大，直径是地球的 9 倍。它的组成部分也和木星一样，主要是氢和氦。上面也是非常寒冷，因为与太阳的距离是地球距离太阳的 10 倍，而且自转的速度极快，差不多每 10 小时转一圈。

可是土星有一个特点是其他行星所没有的，那就是它有个漂亮的环。用望远镜观看土星时，人们都会发出惊叹声。天王星和海王星也有个环，但是没有土星的大，也没有那么华丽。土星的环大到直径有 74 000 公里。

用望远镜看土星时，有时候会看不见它的环，因为它的环是倾斜的。

再靠近一点时，土星的环就变得完全不一样了。它由许多岩石和冰所组成，绕着土星旋转。土星的环可能是太靠近它的卫星被重力捣碎，因此形成这一遗留下来的光环。

这个环也可能是土星的第 21 颗卫星。土星有 20 个卫星，其中一个很大，称为"泰坦"，比水星还大。事实上，泰坦的重力能够留住大气，是太阳系的卫星中惟一有大气层的。

土星快速的转动在地表上产生强大的风，风速每小时超过 1600 公里。可是土星和木星一样，并没有地表，由液体组成的行星和上面的大气层并没有明显的分界。由氢和氦组成的大气层有地球的 30 倍厚。土星惟一与地球相似的地方就是重力。较大的行星通常有较大的重力，可是构成行星的元素也会影响到重力的大小。虽然土星比地球大很多，但由于它是由很轻的物质所组成的，重力和地球不相上下。事实上，土星很轻，如果你有够大的游泳池，土星甚至会在上面漂浮！

去天王星或海王星旅行

在太阳系中离太阳越远，温度就越低。你大概不会想要登陆冷飕飕的天王星或海王星吧，那里的平均温度是零下216℃。

这两个蓝色的大星球离太阳很远，从地球上看起来这两颗行星模糊不清。事实上，在200年前，我们都还不知道那是行星。天王星，是因为曾有人说："哇，这颗星会动！"才被发现的。海王星，则是因为有另一个人说："天王星移动的方式还真奇怪。"好像有什么东西在拉扯天王星，也许是其他行星的重力。科学家很快就找到了海王星。

乍看之下，海王星和天王星很像双胞胎，两个都有地球的4倍大，都是同样的材质，主要是液态和气态的氢组成。它们同样每17小时自转一次，旁边也有环围绕着，可是它们的环和土星的不一样，它们的环很薄很暗，从地球上看不见。

然而，这两个行星还是有很奇妙的差异。海王星和木星一样，有很大的暗斑，这块暗斑大小和地球差不多，是巨大的旋风暴，强风的时速高达2400公里。

天王星是太阳系的行星中地轴惟一倾倒下来的。它的北极在一年之中会有一次面向太阳，再走半圈轨道（需要42年的时间！），就轮到南极指向太阳。天王星为什么会倾倒？原因没有人可以确定，也许是剧烈的冲撞造成的，因为太阳系刚刚形成时，许多行星如同嘉年华的碰碰车，会互相碰撞。

去冥王星旅行

如果你到了冥王星上，就必须跟太阳说再见了。从这个遍布岩石的冰冻行星上看，太阳和其他闪亮的星星没什么两样。不用惊讶，冥王星确实冷极了（零下 223℃）。

也许你以为冥王星是离太阳最远的星星，但其实并不一直是，要看你是在什么时候看到这段内容而定。在 1979 年到 1999 年之间，海王星是离太阳最远的行星。冥王星有时候会比海王星接近太阳的原因是：冥王星环绕太阳的椭圆轨道比其他星球更明显，因为轨道的形状使得冥王星和太阳的距离变化很大。冥王星要花 250 年才能绕太阳一周，在其中一段时间里，它其实比海王星更接近太阳。

冥王星是由岩石和冰块构成的小型行星，其重力是所有行星中最小的。你的体重在冥王星上约只有地球上的十六分之一，因此你可以跳出是地球上的 16 倍的高度。冥王星很像天王星或海王星的卫星，事实上冥王星很可能是逃离海王星重力的卫星。

冥王星也有一个自己的卫星，称为"开隆"。这个卫星可了不得！开隆比半个冥王星还大。有这么大的卫星，让冥王星比较像连星，因为卫星和行星绕着彼此转动。在绕着彼此转动时，各自都以同样的一面对着彼此。如果你站在冥王星上仰望卫星，你会看到卫星从来不会升起或下降，总是固定在空中的某一点。

冥王星是人类最晚发现的行星。从地球上看，它是一颗非常模糊的星星，因此一直到 70 年前才有人发现它。冥王星再远的距离的星际中，还有没有我们不知道的行星？当然有。可是它们不是很小就是离得很远，不然我们早就发现了。

去其他太阳系的行星旅行

我们的太阳应该不是惟一有行星环绕的星星。科学家认为，许多星星都有像太阳一样的太阳系。如果你要找个舒服一点的旅游点，应该尽量找个有地球这种环境的太阳系。就算你有办法去到那里，要找到这样的星球也不太容易。

你也许会发现有个太阳系只有两个行星，一个跟木星一样大，一个跟冥王星一样小，没有像地球一样介于中间的。你也可能看到有个太阳系含有跟地球一样好的环境，却因为太接近太阳，而无法在上面生活。也许那个星球大小合宜，与太阳的距离也刚刚好，但空气却令你无法呼吸。

科学家怎么知道其他星星也有太阳系？即使有最强而有力的望远镜，也没有人确实看得到围绕其他恒星的行星。行星不像恒星一样会发光，只会反射出太阳的光。围绕我们这个太阳的行星很容易看见，这是因为它们离我们比其他星球近。至于绕着其他恒星旋转的行星，都会埋没在星光之中而无法看见。

科学家是利用"多普勒效应"（因运动所致的波长增减）来发现是否有其他行星绕着其他星球旋转。你有没有注意到，警车或救护车的响铃经过你时音调会改变？靠近时音调会变高，离开时音调会变低。警车经过之前，响铃的声波受到压缩，波长（波峰与波峰之间的长度）变短。警车经过以后，声波扩散出去，波长就变长了。

多普勒效应也发生在光波上。光源靠近时，光波会变密。波长的增减可从颜色的变化得知，波长变短时，颜色会泛蓝。光源离开时，波长会变长，光就会泛红。这些变化小得无法用肉眼看到，只能用名叫"分光计"的东西来侦测。

那么，科学家是如何利用多普勒效应来发现环绕星球的行星的呢？行星绕着星球转动时，星球也在绕着轨道转。假设从地球可以看到这颗星球轨道的某一段。这颗星球会从某处往地球这边移动，再从某处远离地球，这样的运动使得星球从稍微泛蓝变成稍微泛红。科学家从星星的光波来测量这种微小的变化，再根据测量的数值，推论说他们找到了至少12个有行星环绕的星球。科学家也可以由数值推断行星的大小，以及绕一圈星球需要多久时间，但除此之外就什么都不知道了。

去最近的恒星旅行

要去别的恒星旅行有很多问题，第一个是你不能登陆，就像你不能在太阳上登陆一样，因为太热了，而且没有坚硬的地表可以支撑你的体重。你也许会希望这个恒星有个行星可以当做基地，否则到了那里，你也只能浪费时间在那里兜圈子。

不过，你可以做这个梦。离地球最近的恒星是"半人马座α星"，就连它也离得相当远，科学家要用特别的单位来计算它的距离：光年。一光年是光行走一年的距离，大约是 10 兆公里。一光年是那么的遥远，你得环绕地球两亿三千六百万次，才有这么长的距离。而半人马座α星与我们的距离则超过 4 光年。

以目前的太空船去最近的恒星旅行，要耗费太久的时间。举例来说，太空人可以在几天之内抵达月球，但是最近的恒星比月球远一亿倍，如果搭乘目前的太空船，太空人可能要花一百万年的时间才能抵达。我想不会有太多人想走这一趟！

即使太空船有极接近光速的速度，到最近的恒星再回来，也需要超过 8 年的时间，你愿意将 8 年的生命把自己关在太空船里吗？事实上，8 年是地球上的时间，对太空船上的人来说，也许花费的时间会比较短。这也是爱因斯坦的相对论的重点之一。

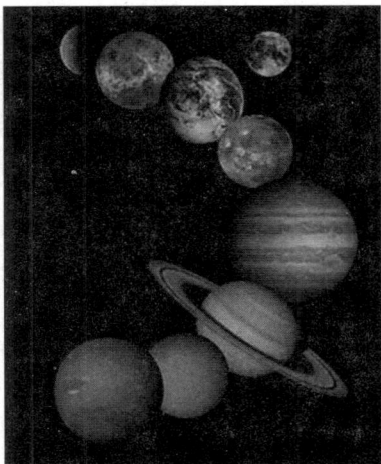

去银河系的中心旅行

如果只是想象去最近的恒星旅行就让你头晕脑胀，不妨想一想去我们银河系的中心旅行——那是半人马座 α 星的八千倍远！

银河系是一千亿个星星的集合体，包括我们的太阳系。没有望远镜，我们只能看到其中的一小部分，其他的都因为光芒太弱而埋没在黑暗中。

事实上，在清明的夜里，银河系的星星大约每两千颗中只有一颗能让我们看见。我们并不能确实看到这个银河系的形状（有点像是煎蛋，中点有点鼓起），因为我们就是其中的一分子。我们的太阳是在从边缘到中心约三分之一的地方，太阳和其他星星都缓慢地绕着中心转动。正因为全部都在转动，星系才会变得扁平。想象一下做匹萨的人怎么把面皮甩到空中旋转，让它变得又扁又平吧。

也许你会觉得奇怪，星系转得那么慢，为什么会变得扁平，而匹萨却必须转得很快才行。那是因为星系比匹萨大很多。大部分星系旋转的时候离轴心非常远，物体转动的时候，离轴心越远就越容易往外飞。像星系这么庞大的物体，要让物体往外飞不必转很快。

如果真的能够到银河系的中心，那么看起来景象会有很大的不一样。我们看到的星星比现在所在的地方多很多，彼此也比较接近。我们也会发现中间有一个大黑洞，但可别靠近那里！

去另一个星系旅行

你觉得去银河系的中心旅行实在很远，那么去其他的星系会更远！可是，我们真的有几个邻居，这些较近的星系称为"本星系团"，而最近的一个称为"仙女座星系"。

在晴朗的夜晚，仙女座星系会在天空中露出朦胧的光影，可是它太远了，你看到的光是在200万年前发出来的。那里比银河系中心还要远60倍。

仙女座星系和我们的星系差不多，含有约三千亿颗星星。如果你每秒钟数一个星星，要9000年才能数完那个星系，到时候我们也许已经送太空船去那里了！

想象你真的可以去另一个星系旅行。你乘坐太空船进入了仙女座星系。一离开我们的银河系，天空就会变得非常昏暗，这是因为只有在星系中间才能看到星星。你现在是处在两个星系之间。

哇，那是什么？你想象中的太空船刚撞到什么庞大的东西。小心，星系之间并不是空荡荡的。科学家认为，那里有很多东西，他们称为"黑暗物质"，因为我们看不见，也没有人能够确定那是什么。它可能是发出的光线太微弱，让我们无法看见的星星，或是已经烧尽的星星。

到宇宙的边缘去

你是不是认为那要花费很久很久的时间？事实上，这个问题有诈。宇宙包含所有能够在天上看到的行星、恒星和星系，以及许多我们看不见的东西。宇宙没有边缘。在宇宙中不论你到哪里，景象都差不多，从每个方向都会看到巨大的星星集合体，也就是星系。

为什么所有星系都在往外移动？宇宙中的星系是在150亿年前因一场巨大的爆炸而四处分散，一般认为宇宙就是从这场爆炸中诞生的，称为"大爆炸"。要了解这件事，可以把星系想成大气球上的许多点，气球是宇宙，而且越变越大。想象你坐在那个点上，当气球变大时，你会看到其他的点都在远离你。

科学家一直在用望远镜观察太空，看得越远就发现越多的星系。他们看到大部分的星系都在远离我们，即使他们并没有看到它们移动。为什么？星系远离我们时，星系传出来的光波会变长，使得颜色偏向于红色。这种情况称为"红移"，也是一种我们在之前提到过的多普勒效应。从红移可以看出，星系正在远离我们。星系离得越远，移动得越快，红移就越明显。

从遥远的恒星和星系传来的光，抵达地球的时间要依它们的距离而定。其他星系的光需要几百万年或几十亿年才能让我们看到。我们看到的天空越远，看到的光就越早散发出来。因此我们只是仰望天空，就能看到过去。

在天空中，我们看得到的最远天体是15亿光年以外的地方。从那些天体发出来的光一年以一光年的距离行进，而且是在15亿年前出发的。如果我们看得到那么远的世界，我们或许也能回溯到宇宙诞生的时间——大爆炸。

聪明的外星人

知道吗，也许真的有。有些人相信，宇宙中至少有一兆颗行星能够维持生命。（一兆是10亿的1000倍，也就是1，000，000，000，000。）"我们这个舒适的小行星是一兆颗行星中惟一有聪明生物的星球"这种想法是合理的吗？可能不是。多数科学家认为，只要环境适当，生命就会自己演化出来。

由于这方面的探讨非常有趣，科学家已在设法接收外星人的讯息。他们使用巨大的无线电波望远镜，观察是否有住在遥远星球或行星上的外星人传来无线电讯号。无线电波望远镜的外表和一般望远镜完全不同，它比较像卫星电视天线，运作的方式也一样。无线电和电视的讯号能穿过太空，虽然经过一段距离之后无线电波会变弱，但强力的无线电波望远镜还是接收得到。

但是要接到外星人传来的信息并不容易，有个问题是，我们已经在接收太空中的天然电波。事实上，木星等几个行星也会发出电波，没人认为那里有生命的迹象。科学家要如何分辨哪些是天然的电波，哪些是外星人传过来的呢？

一个名叫法兰克·德瑞克的科学家花了许多年等待外星人传讯号给他。他进行"欧兹玛计划"，将天线瞄准600个星星。如果外星人要跟他联络，他猜想他们不会只是打个招呼就没有下文了。他听到几种讯号模式不断地重复。假设

"长"代表长讯号，"短"是短讯号，外星人的讯号就像这样：短－长－短－停－短－长－短，就像船只呼救的讯号——SOS。要确定那是外星人的讯号之前，你要听到比较复杂的讯息才行。

到目前为止，没有科学家接收到外星人的讯息，包括德瑞克在内。可是德瑞克打定了主意，不想坐等外星人发讯息来，干脆自己先发送讯号。德瑞克的无线电讯息包括1678个长和短。如果外星人真的够聪明，就会把讯号拼凑在一起，而得到一幅图片，上面是地球上所有的重要东西，从原子的结构到人形都有。25 000年以后，它会传到"梅西尔"（我们银河系中的星团），我们也许就能和外星人握手了！

外星人登陆地球

我们可能根本不会注意到。下次你看到长相奇怪的昆虫，也许会想要知道它是从哪里来的。

在我们的想象中，登陆地球的外星人通常和我们同样大小，但如果来地球的外星人和昆虫一样小呢？外星人需要头脑来发展尖端科技，包括建造太空船。很难想象没有头脑的昆虫会发展出复杂的科技。在别的行星上，有没有可能我们称为头脑的东西只有针尖那么大？毕竟科学家也能制造微小的电脑晶片。可是，当然电脑晶片并不等于电脑。头脑的复杂程度要依里面所含的细胞量而定，而且细胞要有一定的尺寸才行。所以有人脑那么复杂的电脑绝不可能太小。如果头脑和昆虫一样小，应该也不会太聪明！

但假设有和昆虫一样小的外星人存在，而且和我们发生了星际大战，那会怎样？我们不能因为个头比较大，就觉得一定会打赢。小小外星人在科技上很有可能遥遥领先我们，不然就没有办法来到这里，因此他们利用先进的科技，打败我们这些巨人的机会很大。

外星人住在地球上

人们不会挖太深的油井，以免干扰到外星人。或许也不会想进入地下的洞穴，以免被外星人发现。也许你觉得有外星人住在地底下的想法很蠢，可是科学家近来发现，真的有一种外星生物住在地底下！

这种微小的生物是"极端微生物"，意思是喜好生活在其他生物无法生存的恶劣条件中，譬如很深的地底下。没有人认为极端微生物是来自外空的外星人，可是它们能够在太空或某些行星的恶劣环境中生存。

这种生物曾在海底火山旁的热水喷出口中发现，那里的温度超过316℃。这种温度远比一般沸水的100℃高。它们也曾在弗吉尼亚州地下32公里的地方出现。科学家一度以为除非条件适当，否则生命无法在行星上生存。从现存在地球上的这种生物可知，生命可以在太空中生存的范围远比我们所认：为的宽广。举例来说，"欧罗巴"是木星的其中一个卫星，一般认为它的地底下有海。也许欧罗巴的大海是很受极端微生物欢迎的居住地。

再回到地球上，科学家觉得极端微生物刻苦耐劳，甚至可以在海底火山内的熔岩中生存。它们也能在酸中游泳，从熔岩中取得食物和能量。极端微生物和地球其他形式的生命非常不一样，科学家现在认为它们是动物和植物之外，另一种不同的生命形态。

长桓和我们一样的外星人登陆地球

如果有太空船在地球上登陆，走出来的生物不太可能会很像人类。在电影里，外星人总是和人类惊人地相似，有时候只以尖耳朵，或黏黏的皮肤之类的少许差异来区分。可是外星人真有一天登陆的话，他们应该会和我们很不一样。

想想看，在其他星球上诞生的生物一定要适应那个行星的环境。如果外星人长得像地球人，他的家乡势必会很像地球。但是外星人的家很有可能在各方面都和我们的不一样，只是可以维持生命。譬如那里会比较热或比较冷，有较大或较小的重力，或者有不同的大气层。每一个差异都会影响到在上面生存的生命形态。

再举个例子，在重力很大的行星上，外星人可能就会比地球上的生物小。如果他们长得和地球生物一样大，因为重力的关系，他们需要很粗的腿来支撑较重的身体，如此一来就不能活动自如了，除非是用滚的。在很冷的星球上，多数生物可能会长出浓密的毛发来御寒。

有个原因会让外星人长得像人——听起来好像《星舰迷航记》的情节。也许所有人的祖先是外星人，他们在很久以前离开家乡，来地球生活。不过，如果那是很久以前的事，我们很可能已经进化得和他们不一样，变得和外星人一点也不像了。有些科学家认为，地球上的生命实际上是起源于从太空飘来的细菌或"种子"，但即使是这样，科学家还是相信人类是从类人猿进化而来，而不是长得像人类的外星人！

来到地球的外星人只想跟狗说话

在描述外星人的电影里，外星人似乎都知道人是地球上值得交谈的物种。那些外星人甚至会说英语！也许他们收得到我们播出的所有收音机和电视节目，能够在来这里的途中学习语言。可是如果外星人登陆后只想跟狗说话，而不是人呢？这是不是表示狗是最聪明的物种，而不是人？

不一定。那可能只是外星人看世界的方式和我们不一样。你在街上看到遛狗的人，有时候会不会觉得是狗在带着人走？毕竟总是狗走在前面，拖着后面的主人，主人还会在后面帮它们清理粪便呢！

这里的重点是，谈到外星人时，我们必须停止用人类的模式去思考。这是不可能的，毕竟我们是人。可是还是请你闭上眼睛，再睁开来，看看这个世界，假装你是从别的行星来的，而且别人都是外星人。

想一想你靠近地球时会看到什么。你会看到几百万辆汽车，在高速公路上川流不息。把汽车看成外星人会不会是很自然的事？或许汽车里的人就是外星人。你的太空船降落时，所有车子都会发出怪异的喇叭声。也许你会以为那些外星人正在跟你说话！

无论如何，如果外星人和狗开始交谈，我们人类就要面对很大的问题。我们听不懂外星人的语言，我们必须请求狗来告诉我们外星人说什么，而不是狗来拜托我们。为了学习狗语，我们可能要开始认真地研究狗。

二、科学幻想

神奇的刷子

　　小妍在水沟边捡到一个有点奇怪的东西。它很像刷子，但它没毛，而与一般刷子不同的是它的柄很大，柄上有一个盖子。小妍试图把它打开，但很徒劳。最特殊的是，它不知是用什么材料做的，金属不像金属，塑料不像塑料。小妍拿着它去问别人，然而，谁也不会对一个高中生的话感兴趣的。小妍过了新鲜劲儿，也把它扔在了一边。

　　一晃儿，几年过去了，小妍上了大学。在一次体育比赛当中，小妍意外受伤，腿上落了一个大疤痕，这让爱美的小妍很是苦恼。可是，有什么办法，疤痕在当今的科学水平下，是很难去除的。小妍家的猫咪从角落里叼出一个东西乱跑，小妍一看，原来是那个早被自己遗忘的刷子。小妍把它拾起来，用布好好擦了擦，在阳光下，它突然发出一道奇异的光芒，把小妍惊呆了！小妍意识到，这是一个不寻常的东西。学化学的小妍开始成天拿着它琢磨，她不知道自己拥有它是福是祸。当她拿着它无意中在自己身上的疤痕上蹭了蹭，奇迹发生了，疤痕居然消失了！小妍欣喜若狂，她想她要把这件怪异的事告诉别人。她首先告诉了家里人，家里人难以置信，她又告诉了别人，别人置之一笑，以为她在开玩笑。直到她做演示给大家看，人们亲眼看到疤痕消失了，一下子轰动了。

　　接下来的事让人难以预料，小妍成了名人，科学研究院、各大美容机构、身上有疤痕的人、甚至于企业找她做广告纷纷找上门来……让小妍应不暇接，让她都无法学习了。思虑再三之后，她决定把这把刷子送给科学院，让他们好好研究，为更多的人做贡献。送给科学院以后，小妍松了一口气，以为这下轻省了。谁知不久，科学院又来了电话，说她那把刷子失灵了，让她配合做一下检测。谁知这把刷子好像会认人一样，只要到了小妍手上，就发挥出它的奇妙。小妍成了大忙人，一天到晚，在科学院做实验、为人去疤、做广告，挣了大钱……小妍觉得自己很幸福。但慢慢地，苦恼也增加了不少，她的学业一落千丈，班主任已经找她谈过好几次了。走到哪儿，大家都用一种异样的眼光看着她，仿佛她是一个怪人。不然就是盲目崇拜，把她当活神仙。最让她苦恼的是，周围的女同学都有了男朋友，唯独她没人追求。小妍开始感到迷失了自己，她希望回到以前的生活，她觉得自己最大的快乐就在于做一个普通人。她趁着科学院的人不注意，把那把刷子丢弃了，她把它丢在一个山明水秀的地方。她轻轻地对那把刷子说："感谢你给了我机遇，但我现在已经不需要你了，再见吧，希望你找到新的主人。在刷子丢失之后，小妍的生活也慢慢恢复了平静。她顺利地大学毕业，找到了自己的爱人。

在时光匆匆过去十年之后，忽然有一天，又有一个爆炸性的新闻。一个人发现了一把神奇的梳子，它能让人毛发再生，那个人又成了热点。也许，这些神奇的东西，不过是外星人不小心丢弃的物品。也许，不过是一个不愿为人知的古怪发明家的杰作。总之，在这芸芸众生的大千世界中，上演着一场又一场的好戏，偶尔你是主角，又或她是主角……

魔 影

杰克最近像丢了魂儿似的，老是心神不定，忐忑不安，人也变得孤僻冷漠，既不愿出门又不想见人，可偏偏这个时候老板要派他去出差。杰克虽然十分不情愿，可为了保住饭碗，他还是心事重重地登上了飞机。

谁知就在这天夜里，杰克家却出了事。

杰克的妻子芬妮嫌弃丈夫窝囊，近来已向法院提出了离婚申请，杰克一出差，她就立即把情人带到了家里。半夜里，芬妮一翻身，恍惚只见床边立着个黑影，她吓了一跳，以为是看花了眼，可是定睛一看，黑影实实在在地就站在眼前。

芬妮尖叫一声，忽地坐了起来，颤声惊问："你你你、你是谁……想要干什么……"黑影不说话，却一伸手抓住了芬妮的胳膊，喘息粗重。"不、不要，你要钱我给你，求你不要伤害我……哈瑞救我……"

可是芬泥的情夫早已吓得滚到了床下哆嗦成了一团。

黑影的手一用力，芬泥痛叫起来，她不甘心束手就擒，猛地挣开黑影的手，打开了灯。黑影的真面目立时暴露在灯光里，芬泥吃惊意外地瞪圆了双眼：

"杰克，怎么是你?!"

黑影果然是杰克。此刻他一反常态地站在芬妮面前，脸色阴沉，两眼中闪烁着凶光。芬妮从没见过丈夫这个样子，尽管她心里害怕，可还是强作镇定地用平时的口吻对杰克说："杰克，你快滚出去，我现在不想见到你，咱们的关系已经结束了！"

哈瑞一见是窝囊的杰克，也从床边爬起来，亮着一身结实的肌肉来到杰克面前，晃晃拳头说："听到没有，芬妮不想见到你，趁我没生气前赶快滚出去！"

杰克没有说话，只是猛然出拳，狠狠砸在了哈瑞脸上。哈瑞怎么也料不到一向懦弱的杰克敢对他动拳，毫无防备的他被这结结实实的一拳打得鼻梁骨折断，一只眼眶也开裂了。恼羞成怒的哈瑞狂吼一声，顺手抄起一把水果刀，一下子就插进了杰克的左胸。

"哈瑞不——啊……"芬妮只来得及喊出半声，便捂住嘴吓呆在那里。

可是奇异的事情发生了——被刺中心脏部位的杰克没叫没喊没流血更没倒下去，却抬手又给了哈瑞致命的一拳。哈瑞闷哼一声，扑通倒地昏了过去。

接着杰克胸口插着刀，伸出双手又向芬妮抓去。

吞食者的到来

3020 年，世界顶级科学家在"科技树林"中发现了波晶体，"科技树林"是人类制造的最后一片树林，由于大量的开发利用，目前世界上真正的树林已经不多了。波晶体是来自遥远的风象星球的唯一幸存者，它的到来让人类更加确认了这个事实，一件毁灭性的灾难——吞食帝国正在向地球进军！

这时，波晶体透明的浮在半空中，里面出现一个可爱的女孩，她大叫：吞食帝国的军队正在向这里逼近，它毁了我们的家园，吃掉了我们仅剩的一点点珍贵物质，就算我们的科技再发达，也保护不了一块土地，快逃吧！越远越好，它的速度惊人，过不了几十年，它就会将地球吞掉！

听了小女孩的话，所有人都傻了！他们赖以生存的家园即将要消失！"为什么，我们没有惹吞食帝国，它们为什么要吃我们！"人类愤怒的吼到。

"哎！"只听见波晶体里的小女孩的叹息！"我们的家园原来是多么美丽！蔚蓝的天空飘着几朵雪白的云，树木丛生，百草丰茂，空气是那么清净，那么自然，水是那么的明亮，那么的透彻！可是，我们却傻的很，贪婪的利用这些天然资源，不断开发，不断夺取，导致最后我们连一棵完好的树木都很难寻到，而就在这时，吞食帝国便借助我们现在的情况，猛烈的向我们进攻，而它最害怕的就是最纯天然的资源，在我们失去了最宝贵的东西时，它就利用了我们的缺点，吞享了我们的星球，在日夜不停的咀嚼后，它将星球里所有营养物质，可利用物质都吸收了进去，过了大约 100 年后吧，它又把星球的残渣吐了出来，到处都是烟雾弥漫，秃秃的土地，喷发的火山，使我们的星球完全恢复到了最原始的状态，而我，就是这星球上的唯一幸存者！"

听过小女孩的一番叙述，所有人都傻眼了——地球即将毁灭，是我们自己一手造成，现在已经晚了，来不及补救了，是自己的无知引来了灾难，所有人都呆坐在原地等待死的那一刻，因为他们清楚，女孩所说的"几十年"，在现在来说，就是几天以后的事了！！这时人类心中在后悔，在责骂自己，责骂自己的无知，责骂自己的贪婪……

3020年5月13日，可怕的吞食帝国来临，地球上到处一片漆黑，渐渐被吞食者吞没，可怕的时刻终于来了……

3120年，地球完全丧失功能，变成一片废墟，是一个用"垃圾"两个字来形容的星球，而导致这种结果的，并不是别人，而是我们人类自己！

保护环境，人人有责！

鼠　人

公元 20000 年的 12 月 3 日，地球上的人类紧张起来，因为根据地球科学总部的探测，第五次冰河时期要来了，时间是十年后。冰河期长达两万年，于是人类联盟决定放弃地球前往其他殖民地。此时地球上的一年不是 365 天，而每年都是 400 天，因为一次核战争将月球推离了轨道飞向外太空．因为一年有 400 天，也让人类有时间离开地球。

过了八年，人类撤离了地球，飞向了其他星球殖民地．此时地球上只留下了一个人，他的名字叫扎咯，他是个严重反社会的人是个死刑犯，人类联盟决定把他留在地球。扎咯用留在地球上的最后交通工具海陆空三用车在地球上游览。20009 年，天气逐渐寒冷，他来到了喜马拉雅山脉中，他在登山时候突然掉进一个山洞，他想这次死定了，过了不知多久扎咯醒来，发现自己在一个设备齐全的外星人基地中，这个基地是外星人在地球上的一个观测站。扎咯发现这个基地中有很多机器人，基地中的电依靠太阳可以长期维持，粮食等十分充足．这个基地电脑中有人类的发展历史和人类科技文明的记录，还有一个冷冻室，可以将人冷冻，日后在复活。扎咯就在这住了下来，当天气寒冷，冰河到来时候，他把自己冻在冷冻室，把时间调到两万年后解冻。地球上冰河把大地冻起来，时间一年年过着……

公元 4010 年冰河期过去了扎咯从冷冻室里出来。他来到地面上，在地面上他看见了一种十分奇特的生物很像以前的老鼠。扎咯对人类的憎恨之火又在心中燃烧，扎咯决定利用这些生物帮他复仇。于是扎咯就会见了这些生物的首领，因为语言不通无法交流。扎咯回到基地用几个星期学会了这些生物的语言。他再一次会见了鼠人的首领，这次他们说好扎咯教鼠人人类所有文化科技，鼠人帮扎咯消灭人类。于是扎咯就把鼠人带到自己的基地，让它们在那学习。这些鼠人智力很高，一个星期学会了人类语言和文字中的汉语和英语这些通用语。之后鼠人又用了一年学会了人类所有科技文化，它们成了和人类一样的高智慧生物。于是他们开始发展军事，扎咯把自己基地中的机器人军团和一些高科技装备装在了鼠人的战舰上，战舰军团整装待发，不多久鼠人侦察到人类在 a 星系有个基地，人类联盟中心在 Z 星云离 a 星系 100 光年。

探测到这些消息，鼠人军队就出发了，他们飞向 a 星系，没有想到人类太骄傲，认为自己是宇宙中最强大的，这么长时间来一点没有进步，比鼠人军团还要差，鼠人军的这个小军团一口气攻破了人类的防御体系直捣人类 a 星系总部。这时，人类 a 星系的兵力全部集中，要和鼠人决战。这时鼠人军见人类兵力多，正在思考对策。它们想到扎咯在每个军舰上的机器人和它们的小飞机，于是它们在每个小机器人身上安装了核弹往人类军舰群里冲，让小飞机掩护，结果人类战舰大部分被摧毁。鼠人军团乘机攻下了人类 a 星系基地。a 星系被攻下的消息传到人类 z 星云总部，人类十分紧张，全人类开始抓紧生产战舰，加固防御体系。鼠人总部则一片欢腾。扎咯鼓动鼠人首领下命一口气攻下 z 星云消灭人类，鼠人的首领说："要消灭人类就从你开始！"话音刚落扎咯就倒下了。鼠人得知人类 z 星云十分强大，就调了 20 个军团去支援。鼠人的军团浩荡的向人类 z 星云攻去，人类 z 星云虽然强大，可科技不如鼠人，打得虽然顽强但终究不敌。鼠人损失惨重攻下 z 星云，不久后把自己的基地搬到 z 星云。人类只有一小部分军队和科学家带着设备逃到了才造不久的新基地，在那里重新发展着，等待着……

看不见的光线

一个盲人摸索着来到一所实验室，这里的医生曾答应免费为他治疗失明。自从失明那天起他就一直盼望着能重见天日，可在此之前，他所有的钱都被另一个自称能治好他眼睛的骗子医生骗走了。

这里的医生热情地接待了他，并保证为他免费治疗，只是请求他先与自己合作做一个小小的实验。盲人虽然愉快地答应了，但他还是感到奇怪，医生能和他一个瞎子合作什么呢？"您现在虽然看不见任何东西，"医生解释说，"但通过这个实验，您就可以看见电线里的电流和空间里的电波，也就是说能看见电子的运动。""这不可能！"盲人不相信医生的话。"当然能！"医生坚持道，"咱们身上的每个器官对外界的刺激都会有反应，比如在耳边敲一下东西，您就能听见声音。而无意中碰到眼睛，您就会'眼冒金星'。现在我设计了一个小小的电子仪器，只要把它用导线和连接眼睛的神经连起来，你就能通过它对电子产生反应并看见电子的运动了。"

盲人半信半疑地同意参加实验。于是医生在他的眼睛上蒙上绷带，然后接好自己设计的仪器。盲人开始向医生讲述他所"看见"的情景："四周一片漆黑！黑得像半夜，深得像深渊，什么都看不见。不过等一会儿……我看见了！看见了！"盲人突然大喊起来。

"你看见什么了？"医生激动地问他。

"我看见许多光点，像波浪一样有节奏地运动，而且光线有长有短。"

"这可能是发报机发出的电波。"医生猜测道。

"我还看见许多亮点和亮线，有斑点、圆点，还有弧线、圆圈，许多亮光横穿而过，互相贯穿过去，融合在一起，然后又分开流走……一个由光组成的网，上面布满了光的花纹！"

"太好了，您只要慢慢习惯，就能分辨出各种不同的电流。"

"对，现在到处都充满了光亮，有强有弱，有深有浅，还有各种颜色，浅蓝的、粉红的、淡绿的、深紫的……左边有个发光的大亮点，浅蓝色光线就是从它那里射出来的！它就像一个大蓝苹果，又像一个蓝色的小太阳……"

"天哪，您看见了门上的圆球把手！"医生惊呼起来。

"我没看见什么门把手，我看见的只是光点和从它身上发出的蓝光。大概是太阳把那上面的电子激发出来了吧？"

"对，一定是这样！"医生兴奋极了，"那您能看见电灯在哪里吗？"

"我不但能看见电灯，还能看见沿着天花板悬挂的电线，电流在里面流动……哈，墙角那里可有点漏电，您最好找个电工修理一下。"盲人兴奋地到处"看"，"窗外有许多用电线连起来的房子，电线交错，到处是灯！"

医生高兴地走过来，"那您能看到我吗？"

"当然能啦！看呀，这是您的头，而这是心脏。"盲人边用手摸边说道，"您的脑袋里发出柔和的淡紫色光，您思考的时候它们运动的速度就变快。而当你激动时，心脏里就像燃起了炽烈的火焰。"

"难怪！"医生表示理解，"人体里到处都进行着化学反应，您看到的是生物电！而人的心脏，特别是大脑，肯定就像发电机一样！"

接着医生开车带盲人去"观赏"街景，盲人感到眼花缭乱。只要哪有电流，在盲人"眼"里就成了光。街道两旁的高层建筑非常有趣，盲人虽然看不见它们的墙壁，却能看见许多由闪光的电线和电话线组成的明亮"笼子"，就好像摩天大厦的骨骼一样。最令人惊奇的是电车，盲人觉得它就像中国神话里的风火轮一样，一边前进一边抛出一束束像火星似的电子团，而悬挂在街道上空电线上的电车天线就像被熔化了一样，把周围的街道照得一片火红。顺着电线"看"去，在城市的边缘，盲人看见一片火的烈焰和光的瀑布，原来那里是一个发电站。发电站里安装着巨大的发电机，所有的火焰瀑布都是从那里流出来的。而抬头看去，则能看见天空中充满了无线电波发出的闪耀亮光，从城市上空一直到星空，天地好像连成了一片，组成了壮观的光的河流——这是宇宙中的电波！盲人长叹一声："为了看到这些美丽的景象，肯定有不少科学家宁愿弄瞎自己的双眼！"

医生的发明引起了轰动，所有报纸都刊登了这条消息。盲人也接到了许多邀请：军事机关请他破译外国的电报，因为他根据光线的长短直接就能明白它们的意思；电气公司请他去检查地下电缆的漏电情况；……最后盲人接受了电力公司的请求，到那里的科学实验室做一个活仪器，检测各种试验。盲人开始了他的工作，每天在实验室里观察各种光电现象，然后由助手记录下来。由于他的帮助，科学家们解决了许多以前很难解决的问题，因此付给了他非常丰富的报酬。可盲人并不满足，他多么希望具有正常的视力啊！医生劝他再考虑考虑，不要轻易丢掉自己这么优越的能力，可盲人还是坚持这一要求。"我想有正常的视力，做一个正常人，不愿再当一个活仪器了。"盲人最幸福的日子终于到了，医生为他动了手术！他看见了医生苍老的面孔和护士冷淡的表情，看见了玻璃上的脏雨点和窗外的枯树叶，还看见了秋天那特有的铅灰色天空。看来大自然并没有用更加愉快的颜色来欢迎他，但是这并不要紧，因为既然已经有了眼睛，早晚能找到一切美丽的色彩！

终极生物

公元 2056 年，生物科技专家燕靖德博士展开了一项史无前例的大计划，准备在外太空的太空站上研究出最完美的人类。这项计划，就叫做"终极生物计划"。

在研究中，燕博士培育了六十个人类胚胎，三十个男孩，三十个女孩，这些胚胎在母体怀孕期间便已经经过了无数次的修正，将所有基因上的条件修正到几乎完美的程度。燕博士对助手说："智力、体能、容貌、身材，血液机能、免疫系统、内分泌功能……只要我们想得到的，都一定要做到完美的地步。我要这六十个孩子一出生，便成为人类有史以来最完美的六十个人！"孩子们一个个出生了，果然在容貌、身体、智慧上无懈可击。燕博士预定在七年的时光内给予他们最出色的教育，七年后，他就要带着这人类文明史上最出色的孩子们回到地球，向全世界夸耀他的成就。

七年的时间转眼就过了，可是在燕博士预定回地球的那一天，地球方面却发现太空站突然失去了联络，而且，千万人引颈等候了一整天，天空中却始终没有出现他们的踪迹。而太空站就像是消失了一般，完全渺无讯息。

燕博士的太空站出了什么事呢？这是所有人一致的疑问。于是地球方面立刻派出调查队，前往位于火星附近的太空站查个究竟。然而，调查人员到了太空站时，却被眼前所见的情景吓得瞳孔收缩……偌大的太空站，在深邃的黑蓝色太空中，已然面目全非，像是一株硕大无朋的草菇类植物，在表面上爬满了容貌狰狞的真菌类植物。在没有空气、没有水分的外太空，这些真菌类是怎样生存的呢？调查人员小心翼翼地进入太空站，发现太空站内已经

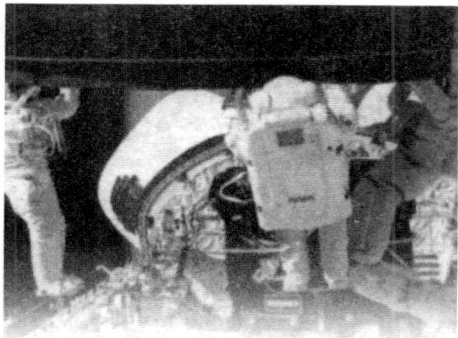

像是一座层层纠结的真菌森林，已经完全不见原有的高科技景象。而调查人员更惊疑地发现，这些真菌都是从数十株枝干繁衍出来的，而这些枝干上，有的还留有太空站太空人们的制服碎片。

那也就是说，这些真菌植物，很可能就是太空站的太空人变成的。

怀着无数的疑团，有位调查人员灵光一闪，想到了一个关键的疑问。"那么……那六十个小孩在哪里？"这个疑问很快就得到了解答，在太空站后侧的一个小空间里，六十个完美小孩瑟缩地躲在那里，他们的面容和体形果然美丽得无懈可击，只是隔着玻璃窗，那森冷的眼神却让调查人员觉得浑身不舒服起来。其中一名调查员想将小空间的门打开，却在门把处发现了一行歪歪扭扭的文字："这扇门绝对不能打开！"那字迹色泽鲜红，透现出写字者情绪的震撼。因为那字迹给人的印象太深刻，调查人员依言不将那扇门打开，一行人开始在布满真菌的舱中搜寻答案。而这一切的答案，就出现在驾驶舱的一台录像电脑中。"我错了，这个实验是个不应该存在人世的实验。"在电脑的影像中，主宰这项"终极生物"实验的燕靖德博士虚弱地说道。在影像中，他的脸上已经长出了诡异的蕈类。"我身为一个科学家，却妄想跨越神的界限，因此发生了这样的惨剧。我，愿意担起所有的责任。在'终极生物'的实验中，我想要造出的，是六十个完美的人类，而这点我做到了，因为这六十个孩子，在基因、免疫、外表所有条件上，都是无懈可击的。然而，就是因为太过完美，才导致了我们的悲惨命运。

七天前，一名来自地球的工作人员将感冒病毒带到太空站，并且将它传染给其中几名孩子。

因为只是轻微的感冒，我们并没有太注意。但是，因为这些孩子的免疫系统太强，从他们体内产生的抗体成为致命的蛋白质，这种蛋白质会在一天内侵入人体，将细胞真菌化，而且，这种入侵会以几何级数方式扩大。太空船内的人已经没救了，而我也即将变成真菌，在这里，我希望来人将这个太空站永远封闭起来，因为如果这种终极抗体散播到地球，所有人类将全数消灭……"

人类在历史上无时无刻想要扮演上帝的角色，但是最终的结果，总像是打开了一只潘多拉的盒子，随着盒盖而出的，总是无尽的灾祸。这座曾经主导过"终极生物"实验的太空站，如今仍漂流在小行星带上，仿佛是在告诉后世子孙，科技的滥用，会造成什么样的不幸后果……

珊瑚岛上的死光

你们没有忘记双引擎飞机"晨星号",不久前在太平洋上空神秘的失事吧?它,机件运转正常,和 H 港的无线电联系一直没有中断,却在 8000 米高空发生了爆炸,坠入了太平洋。

我就是驾驶飞机"下落不明"的陈天虹。在这里,我要向你们介绍这次失事的原因和经过,以及失事以后我在一个小岛上的一段不平凡的经历……

我,一个穷苦华侨的儿子,全球闻名的核物理学家赵谦教授的学生,憧憬着未来,向往着祖国。当我的父母相继去世,我觉得回国的时机已经到了,便向赵教授提出辞职,讲明了我的意图。他静静聆听完了我的话以后,满布皱纹的脸上无限伤感,流露出共鸣的心音。赵教授惋惜自己已经年迈。无法回国效力;挽留我再等几个月,等他把高效原子电池装配完成后,带回国去,作为最后的礼物,献给亲爱的祖国。

谁知,正当我动身前夕。赵教授忽然被匪徒暗杀了。他躺在血泊里,保险箱的柜门敞开着,散发出一阵焦煳的气味。原来这是某大国特务下的毒手。当他们企图收买这项发明的专利遭受拒绝后,就出此毒计,打算强行抢劫研究资料。赵教授毅然把资料焚毁,惨遭杀害。我心中无限悲愤,为了保存这项发明,避免敌人追杀,决定立刻携带高效原子电池回国。

另一件意外的事发生了。我的飞机在途中突然遇见一道奇怪的闪电,一下子被击落了,我只来得及抱着高效原子电池跳伞跃出机舱。当我落下大海,抬头看见两架直升机,放下人到飞机落海处搜索,我明白了,又是那个大国的魔爪伸到我的身上,他们不把高效原子电池弄到手决不罢休。但是他们使用了什么手段把我的飞机击落,却不明白。

　　我在海上漂了三天，瞧见一个小岛的影子。生的希望鼓动着我，奋力朝岸边游去。谁知迎面遇见一条鲨鱼。我绝望了，感到死亡已经来临。这时，奇迹出现了，鲨鱼身上突然发出耀眼的火花，周围的海水急剧地汽化，发出劈啪的爆裂声。鲨鱼死了，我也被灼热的海水烫伤，挣扎游到岸边，便天旋地转失去了知觉。

　　当我醒来时，已经置身在一个装饰精美的卧室里，原来是一位华人老科学家救了我。他自称马太博士，只有一个名叫阿芒的哑巴仆人陪伴着他，住在这座与世隔绝的荒岛上，潜心进行自己喜爱的科学研究。

　　从交谈中，我才知道，原来他就是十年前离奇失踪的华裔工程师胡明理。当时他在 A 国研制了一种新型激光测距仪，A 国政府准备对他进行公开嘉奖，只是在这个时候，他的上司才给他看了几份国防部备忘录的副本。他震惊了，想不到自己的发明竟全部被用在战争机器上。

　　他，一个热爱和平的科学家，竟被别人愚弄，一直在为战争服务！

　　他愤怒，他抗议，感到彷徨痛苦，不愿再在这种丑恶的社会中生活，幻想寻找一处远离人间的世外桃源。正在这个时候，他的一个名叫布莱恩的老同学从欧洲远道赶来慰问他。布莱思痛斥了 A 国社会，表示自己也是一个和平主义者，邀约他参加洛非尔公司的工作，献身于它所进行的拯救人类的崇高事业。

　　"尊重他人的感情，保护他人的理想，这正是洛非尔公司的宗旨。"布莱恩说，"我们可以选择一个远离人世的地方，为你修建一座实验室。让你专心献身神圣的科学，不再受世俗的干扰。"他接受了这个建议，于是从 A 国社会中一下子神秘地消失了，化名马太来到这个太平洋的无名珊瑚岛。洛非尔公司没有食言，果真为他建造了一个现代化的实验室，为他配备了一个名叫罗约瑟的年轻助手和阿芒。他所需要的一切，公司无不尽力满足。这是一个真正的世外桃源，他满意地在这儿安心进行自己的研究工作。

　　我提醒他："你了解洛非尔公司的政治背景吗？您怎么能保证，你的发明通过公司转售，不会直接或间接地为战争服务呢？"这些话他全都不愿多听一下。当我又问："请原谅我的直率，您那天杀死鲨鱼的武器，是不是一种新型的激光？"这句话似乎刺疼了他，大声抗辩道："不，我这个小岛上根本就不存在什么武器。"他的态度激昂，我不得不停止追问。

几天后，感到惊奇的是他了。当他发现室内放射性元素剂量仪有异常表现，怀疑我是否带有什么有放射性的东西时，我取出床下的高效原子电池给他看。他十分兴奋地说："啊，这个电池如果和我的激光掘进机连在一起，马上就可以使世界上的采矿、隧道、地下工程施工进入一个崭新的阶段，这将为人类谋多大的福利啊！"只是在这时，他才承认那天是用激光杀死鲨鱼，救了我性命。我抓住机会追问他："难道这不算是武器？"他却不以为然的回答："人不是鲨鱼。我可以杀死鲨鱼，决不会去杀一个人。"

接着，他又谈起自己的一项发明，可以产生一束极窄的无线电波，在远距离的目标上造成电火花。"天哪！"我失声惊呼，"我的晨星号恰巧是被闪电击落的。"我告诉他，当时附近海面上，只有某大国的舰队在活动。飞机失事后，他们曾派出直升机来搜寻我。考虑到外间传说洛非尔公司和这个国家有特殊关系，其中必定大有文章。

"不，这不可能！"马太踉跄几步，颓然跌坐在椅子上，痛苦地用手扪住胸口，他的心脏病突然发作了。我和阿芒手忙脚乱为他注射了急救药，我忽然想起一件非常重要的事，问他："布莱恩和罗约瑟知道激光掘进机已经造成了吗？可否不让他们看到这台机器？"马太想了一下点头答应了，决定请我和阿芒帮助，把机器搬进卧室，避开即将来岛的布莱恩、罗约瑟的视线。

他们终于来了，乘着一艘军舰，带了一个海军军官和几个水兵来到马太博士的珊瑚岛。为什么他们乘军舰来，还带着一些军人，马太有些怀疑，布莱恩却大步走过来向他介绍了沙布诺夫上校。他解释说，因为军舰上装有一台洛非尔公司出产的仪器，他应邀去检查一下，才乘军舰来的。

"仪器？是空间放电仪吗？是不是击落晨星号的那一种？"马太博士警惕地询问布莱恩，沙布洛夫这才说出真相，承认和洛非尔公司订有合同，其中一些产品就是马太的发明。他又辩解说，晨星号为一个贩毒犯劫走，他奉命用空间放电仪改装的"死神的火焰"把它击落了。他称赞了马太，提出在欧洲某地的深山中，为他建造一个更加完备的实验室……马太不愿再听下去了，愤怒地斥责这伙强盗。布莱恩却甜言蜜语地劝说他："走吧，自从晨星号事件发生以后，世界舆论对我们很不利，决定今天炸掉这个岛，快跟我们走吧！"

马太明白了一切，他的心脏病又发作了，沉重地倒了下去。阿芒冲进来想保护主人，却被水兵抓住，拖出去枪毙了。沙布洛夫指挥布莱恩赶快寻找激光掘进机的设计图，炸掉这座珊瑚岛。"真遗憾，我们没有弄到高效原子电池。"他对布莱恩说，"否则，马太的激光掘进机，立刻就可以变成携带式激光炮了！"

我躲在隔壁听得明明白白。赵谦、马太，高效原子电池，激光掘进机，激光炮，我一切都明白了。当他们带着设计图，在岛上安装了炸药匆匆离去。我连忙冲去搭救马太博士。他已奄奄一息了，临终前，他指挥我使用激光器，发出一道强烈的激光把远行的军舰击成碎片。

"我错了！"他气息微弱而缓慢地说，"不把这群鲨鱼消灭，世界上就不可能有正义、和平……"

他还想说下去，死亡已经来临。我含泪把他平放在床上，抱起高效原子电池，利用最后十多分钟驾驶着一艘摩托艇逃出了珊瑚岛。

身后，响起了天崩地裂的爆炸声，马太博士的珊瑚岛消失在耀眼的火花和浪涛中了……

"无情"的草木

近日来，h城发生了一连串的怪事：一个市民刚想拗折街头花园一朵含苞欲放的月季去点缀家中的花瓶，可是，在他举手之际，近旁几株比成人还高的月季竟然一起挥舞着带刺的枝条刮破了他的手和脸；某化工厂一个后勤人员溜到厂房后面的林区准备采伐一棵松树做副伙房用的木架，但他刚举起斧子，即被近处的榆树弯下粗壮的叉枝击昏倒地……"简直不可思议！

难道h城的花草树木在一夜之间全都着了魔法？你俩去一次吧。"省报主编对我和老徐布置了去h城采访的任务。

大约7年前，有关部门为了减轻沿海几个工业城市的压力，就在h城陆续兴建了几座规模颇大的化工厂和金属冶炼企业。为此，原来离城不远的翁岩山脉的林带被砍光了，代之矗立起成排的厂房和住宅。可是，由于绿色植被遭到破坏，渐渐地，头痛病和咽喉炎开始同h城的居民结下不解之缘，市中心医院还住满了因遭"三废"污染而引发了高血压及心脏病的病人……终于，这个反常现象引起了省委的重视。于是，由省科学院"工业区绿化所"主任米清教授率领的调查组来到h城。结果，除了制订出一些改造设备的措施，"绿化所"还特地运来一批经过特殊处理的花草树木的幼苗和种子，并且由米清教授亲自设计、调整了城市的绿化布局：在公路、街道两旁栽起一道由常绿灌木组成的绿色"篱笆"，中间夹植着丁香、伏牛花和山楂等。这样既美化了环境，又可起到降低车辆噪声和吸收含铅废气的作用。化工厂周围则大量种植具有吸收氯气和氨气功能的柳、桑、白蜡树的混合林，并且在低洼处种上大批特种莴苣——它们的嫩叶可以吞掉散逸在大片中的乙烯和氟气。在冶炼工业区，又齐齐整整地栽植了由橡、槭、柏、椴树组成的林带。据专家估计，这批林带在生长期中，每小时就可以吸收掉大气中的约 200 千克的二氧化硫。尤为鼓舞人心的是，这些经特殊处理的花草树木在两年不到的时间内就长成了一般需要十年才能形成的树林。h 城，经过这番科学的"打扮"，又以它的旖旎风光成为人们的游览胜地。

到了 h 城，一开始，我和老徐也被许多植物伤人的事件弄懵了。后来经过调查分析，我们发现：那批倒霉鬼全是预备折花、砍树，或者怀有这种企图走近树木时才遭到袭击的。

金星人之谜

我们终于在金星上降落了。

我们，这是指我们的领队、中国著名星际航行家罗冰，地质学家鲍维文，中国星际航行委员会天文生物学部研究员李慧芬，以及以语言学家身份参加这次航行的我。这真是令人永远也不会忘记的一刹那。

当我们的飞船刚关上发动机，信号灯和仪表指出"安全降落"后，我们四个人，就连一向沉着冷静的罗冰也是这样，一下子都甩开了皮带，在飞船的舱室里，你挤我、我挤你地拥抱了起来。

金星！我们终于登上了这个大气迷漫的神秘的星球。我和罗冰穿着能自动调节温度、防腐蚀、耐高压的宇宙服，凝然不动地站在那儿。脚下踏着的是一片五颜六色的砾石和细而柔软的泥砂；地平线的远处是一抹迷蒙的黑色的山岭；头顶上是浓厚的大气层，以及像个影子似的模模糊糊的太阳。能见度极低。

"来，"宇宙服的透明的帽盔里响起了罗冰低沉而激动的声音（我们是通过无线电对讲机来交谈的），他挽起了我的手臂，"让我们一道来跨出这金星上的第一步！"

我们一同向前跨了几个大步，然后又一同把一面写着我们考察队名称的小旗，用劲地插在金星的柔软的土地上。与此同时，李慧芬将这几个值得纪念的镜头拍摄了下来。

罗冰俯身用经过严密灭菌的设备取了一块金星上的土样；我用无菌真空取样瓶取了一瓶金星上的大气；然后我们又小心翼翼地绕着飞船走了一圈，就立即返回飞船。罗冰马上动手分析空气的样品，李慧芬和鲍维文则欣喜若狂地拿着那些泥土放在显微镜下面观察去了。而我，则坐了下来，忙着调整无线电，试图和地球取得联系……紧张而有趣的金星考察工作就这样开始了。

我们所做的第一项工作，便是继续寻找那个人工天体的踪迹。这是我们在地球上没有能够完成的工作。在那次紧急会议之后，我们曾投入了巨大的力量——赶建了几座强力的定向无线电电台；为了收听"金星人"的信号，还把所有的业余无线电爱好者组织了起来。然而，这些努力都失败了。令人不安的是，继续发往金星的自动探测火箭，未能再找到那个哑铃似的人造卫星。在地球上想推断那个人造卫星的轨道的打算也没有成功。这说明，我们上次拍到的那几张照片，只是一个非常偶然的情况。不过，这一次却是意外的顺利。当我们在金星上重新使用红外线摄影术拍摄金星上空的照片时，我们终于又发现那颗人造卫星的踪迹了。看到那些显示有人造卫星痕迹的照片，我们都情不自禁地发出了欢呼！每个人的心里，都充满了初战胜利的喜悦！

可是，当我们接着进行第二项工作——寻找发射这颗人造卫星的"主人"时，却遇到了意想不到的困难。

金星，这个浓雾笼罩的神秘的星球，它的环境条件，对于生命来说，确实是太严酷了；在它的表面，平均温度高达475℃；空气里的主要成分是二氧化碳；大气压竟是地球上的90多倍！这样的高温和高压，足能把岩石表面的氟化氢和盐酸"煮"出来。而这些"蒸气"常常会形成一种浓密的硫酸雾，迷漫在山谷和低洼的地面上。金星上的滂沱大雨是有腐蚀性的。不，这哪是"雨"啊，这里下的干脆就是腐蚀性强烈的无机酸！

养蜂人

　　副研究员林达的死留下许多疑问。警方从一开始就不相信是自杀，但调查几个月后仍没有他杀的证据，只好把卷宗归到"未结疑案"中。引起怀疑的主要线索是他（？）留在电脑屏幕上的一行字（他是在单身公寓的电脑椅上服用过量安眠药的），但这行字的意义扑朔迷离，晦涩难解。

　　养蜂人的谕旨。不要唤醒蜜蜂。

　　很多人认为这行字说明不了什么，它是打在屏幕上的，不存在"笔迹鉴定"的问题，因而可能是外人敲上的，甚至可能是通过网络传过来。但怀疑派也有他们的推理根据：这行字存入记忆的时刻是 13 日凌晨 3 点 15 分，而法医确定他的致死时间大约是 13 日凌晨 3 点半到 4 点半，时间太吻合了。在这样的深更半夜，不会有好事者跑到这儿来敲上一行字。警方查了键盘上的指纹，只发现了林达和他女友苏小姐的。但后来了解到，苏小姐有非常过硬的不在现场的证据——那晚她一直在另一个男人的屋里。

　　这么着就只有两种可能：或者，这行意义隐晦的字是林达自己敲上去的，可能是为了向某人或警方示警；或者，是某个外人输进去的，但他绝不会是游戏之举而是怀着某种动机。不管哪种可能，都偏于支持"他杀"的结论。

　　调查人询问的第一个是科学院的公孙教授，因为他曾是林达的博士生导师，林达死后又曾在同事中散布过林是"自杀"的猜测。调查人觉得，先对观点与自己相左的人进行调查是比较谨慎的，可以避免先入为主的弊病。当然这只是原因之一，是那种比较讲得出口的原因。实际上呢……人们都知道警方的一条原则：报案人的作案可能性必须首先排除。

　　公孙教授的住宅很漂亮，他穿着白色的家居服，满头白发，眉目疏朗。

对林达之死他连呼可惜，说林达是他最看重的人，一个敏感的热血青年；他还算不上最优秀的科学家（因为他太年轻），但他有最优秀的科学家头脑，属于那种几十年才能遇上一个的天才，他的死亡是科学界的巨大不幸。至于林达的研究领域，他说是比较虚的，是研究电脑的智力和"窝石"。他的研究当然对人类很重要，但那是从长远的意义而言，并没有近期的或军事上的作用，"绝不会有敌对国家为了他的研究而下毒手"。

谈话期间他的表情很沉痛，但仍坦言"林达很可能是自杀"。因为天才往往脆弱，他们比凡人更能看穿宇宙和人生的本质，也常常因此导致心理的失衡。随后他流畅地列举了不少自杀的科学天才，名字都比较怪僻，调查人员未能记录（保存有录音），只记得提到一人是美国氢弹之父费米的朋友，他搞计算不用数学用表（那时还没有计算机），因为数学用表上所有的数据他都能瞬间心算出来（这个细节给调查人员的印象很深）。但此人30余岁就因精神崩溃而自杀。

公孙教授说："举一个粗俗的例子，你们都是男人，天生知道追逐女人，生儿育女，可你们绝不会盘根究底，追问这种动机是从哪儿来的。但天才能看透生命的本质，他知道性欲来自荷尔蒙，母爱来自黄体胴，爱情只是'基因们'为了延续自身而设下的陷阱。当他的理智力量过于强大，战胜了肉体的本能时，就有可能造成精神上的崩溃。"

在时间的铅幕后面

1988 年 10 月 5 日，中国四川兴汉县七星冈。

位于邛崃山脉东部的七星冈，原来是一座远离城市的荒凉的小山冈，草木丛生，人迹罕至。可是今天，这里却聚集了一大群科学家和文物部门的行政官员。在山冈的顶部，一个 5 米见方的探坑已经挖到了 3 米的深度。几座帐篷搭在离探坑不远的地方，帐篷里设置着几台精密的仪器。汽油发电机嗒嗒地响着，荧光屏上脉冲波跳动，仪表板上红绿指示灯在闪烁，打印机不停地向外吐着印有一行行数字的资料。

"20 厘米以下有异物。"

"地磁异常。"

土壤电阻异常。"

全部探测结果都送到了守候在探坑边上的欧阳去非手上。

欧阳去非，这个近年来声誉鹊起，蜚声国内外的考古学家，今年才 35 岁。他的身材很高，有 1.8 米，但是体格匀称，肌肉强健，脸庞略嫌瘦削，高额直鼻，浓眉薄唇，充满了男性的刚毅之气，特别是嘴角两条与年龄不相称的深深的皱纹，暗示出他历经坎坷岁月、性格坚强。

今天是欧阳去非生命中的一个重要日子。在七星冈上对古代蜀国蚕丛王的宝藏坑进行考古发掘，完全是根据他的建议而进行的。这项工作的成败，关系到他的声誉和前途。现在，这谜底已经揭晓了。

几个技工在坑底继续挖掘。现在谁都可以看到，土壤的颜色由黄色变成了棕色，土壤的质地由紧密变得疏松，其中还夹杂一些碎陶片和炭屑。这意味着很多个世纪以前，有人曾经在这里挖掘过一个深坑，然后再将当时地表的土填了回去。

欧阳去非的心狂跳起来，半个世纪以来一直为世人所追求的蚕丛王的宝藏，真的就埋在这薄薄的土层下面吗？在这紧要关头，他反而紧张得难以抑制自己了。

围在探坑边上的人群，也都看到了这一变化。他们都是内行。这么多双敏锐的眼睛，都捕捉到了同一信息——一个震惊世界的发现，也许即将揭开帷幕了。

神秘的催眠术

神秘催眠术的背后是什么？

仅仅 15 分钟，12 名志愿实验者已经昏昏欲睡，而主持本次实验的催眠术专家汤姆·德路卡依然精神十足！

"我可以自如控制他们苏醒还是睡眠，如果你不介意，我也可以给你施加这种魔术。"德路卡跟《美国早安》的记者开玩笑说，"只需给你一些暗示，你就跟他们一样了。"

另外，德路卡还做了其他的实验，例如：他对某男子施加催眠术，然后把男子的手放进冰水，这名男子居然无法感觉到冷；当德路卡催眠了某女子时，她无法说出自己名字，因为她的思维受到了德路卡的影响。

尽管许多人不相信催眠术的真实性，但是德路卡声称这种现象是很普遍——当然，被催眠的人经常做出许多常人无法理解的事情。医学界认为，催眠实际上就是思维的一种活动状态，它受心理暗示的影响，可以用于疾病治疗，因此并不"神奇"，当然也不是虚假的。

催眠术专家声称，催眠并不仅仅是简单地使人沉睡，有时它还可以使人进入深度的沉思状态，如修炼多年的高僧。即使是普通人，有时也可能处于被催眠状态，例如在单调的高速公路上打盹的汽车司机，当他们突然惊醒时，有可能忘记最近几分钟内发生的事情，因为他们可能处于类似被催眠的状态。

另外，从历史上来看，催眠术已经被广泛的使用。古埃及关于催眠术的记录多次出现，澳大利亚土著居民至今仍然在使用催眠术；而在 1794 年，当时还没有麻醉剂，一名叫 jacob grimm 男孩成功接受了肉瘤切除手术，而他却丝毫没有感到疼痛，主要原因就是医生给他施加了催眠的"魔法"。

尽管如此，仍然有许多人对催眠术感到害怕，因此他们担心坏人会利用这种技术为非作歹。

但是，医学专家告诉我们，催眠术并没有想象中的那样可怕，相反还可以从催眠术中获得某种乐趣，比如那些酷爱"白日做梦"的人。

催眠术在世界上已有几千年的历史了。作为一种独特的心理治疗技术，它的确能使一些心理病症手到病除，使焦虑、忧郁的情绪转瞬即逝。遗憾的是，由于一些江湖术士的滥用，催眠术曾屡遭非议。随着心理学研究的不断深化，近年来，我国许多心理咨询部门都在运用催眠术帮助人们解除痛苦，越来越多的人开始用科学的眼光来看待催眠术的神奇功效了。

海底两万里

1866 年，大海里忽然出现了一个怪物，身长几百米，偶尔浮出水面。飞快地游动着，一天能游几千公里呢。

美国政府为了弄清这怪物的来历，专门装备了一艘名叫"林肯"号的军舰，去追踪这个怪物。我是海洋科学家，被聘请担任科学顾问。

"林肯"号搜寻了三个星期，一无所获。一天晚上，我正在甲板上眺望夜景，忽然看见远处的海面上闪出一片红光，红光里隐约有个椭圆形的东西。它不就是我们要寻找的怪物吗？我立即把这一发现报告了舰长。紧急警报拉响了，全体船员很快作好了战斗准备。

那怪物离我们越来越近了，一个船员猛地投出一只锋利的鲸叉，只听"咣"的一声，好像击在钢板上。这怪物，真厉害，鲸叉根本伤不了它。接着，我们朝它开炮，可是，炮弹没有爆炸，只是从它的尾部弹了起来，溅起一片水花。这一下可把怪物惹火了，它头上喷出两股水柱，发疯似的向我们的右舷冲来。轰隆一声，我来不及抓住什么，被抛进了大海。

当我醒来时，发现自己躺在一间铁屋子里。我正在纳闷，一个高个儿进来，冷笑着说："先生，我叫尼摩，是被你们称为怪物的这艘潜艇的主人。你成了我的俘虏，也就知道了我的秘密。对不起，为了保密，你得永远留在这儿。先生，我久闻你的大名，知道你学识渊博，你就跟我在海底旅行吧，探求海洋深处的奥秘。"

这艘潜水艇是尼摩自己设计建造的，为的是作一次海底环球旅行。里面有豪华的客厅，舒适的卧室，还有图书馆和各种娱乐设施。它的动力是从海水里提出来的。

一天，我站在船头，透过玻璃欣赏五彩缤纷的海底世界，尼摩派人送来个便条，约我到海底森林去打猎。这可太新鲜了！我们穿上潜水衣，带着氧气瓶和充电枪，通过换压舱来到海底。首先碰上一只大海獭。尼摩举起长枪，啪的一下就结果了它。接着又打了两只海豚什么的，就抱着猎物回船了。

1月2日，我们到了澳大利亚和新几内亚之间的托里斯海峡，船上的食物快吃完了，不得不上岸去找些肉类和蔬菜。第二天一早，我们上了岸，运气还不错，一上岸就打了几只野猪，没有找到蔬菜，可是采到不少水果。我们在沙滩上架起火，准备烤肉吃。这时，一阵雨点似的竹箭突然飞来，原来是当地的土著来了。我们慌忙跳上小艇，土著驾驶木筏穷追不舍。我们爬上潜水艇，刚下到底舱，土著也紧跟着来了。我想，这回可完了。奇怪的是，他们刚下楼梯，就被一股奇特的力量弹了出去，连滚带爬地逃走了。原来这楼梯是带电的。

2月初，我们来到印度洋，这儿的斯里兰卡盛产珍珠，闻名世界。一天，我看见当地的一个采珠人受到鲨鱼的袭击，鲨鱼尾巴一摆，就把采珠人打昏

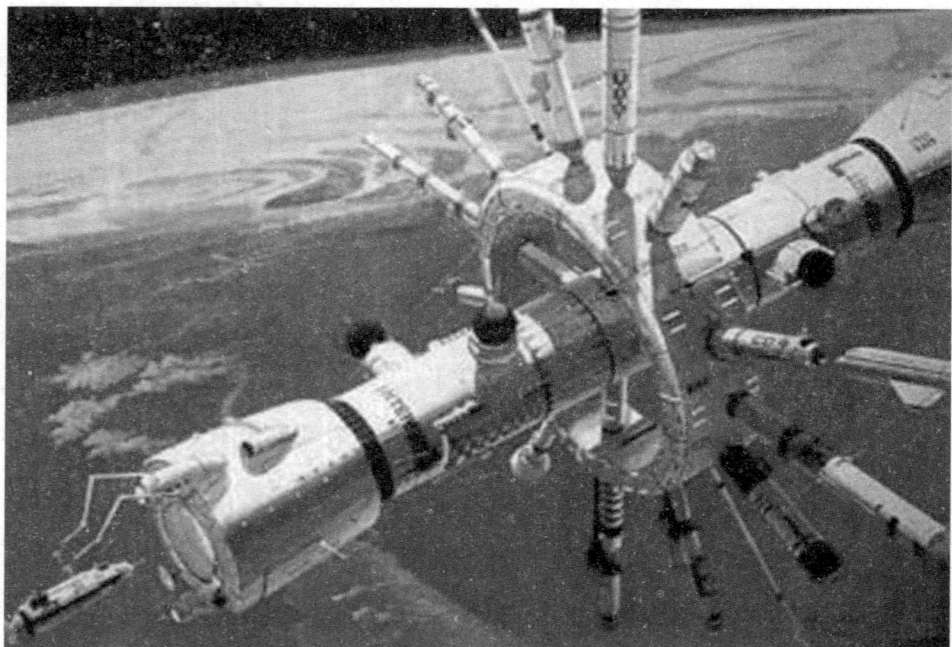

了。鲨鱼张开大嘴，正要饱餐一顿，没想到却被什么打中了，挣扎了几下，沉到海里去了。接着，我看见尼摩托着采珠人浮出水面，原来尼摩也去采珠，无意中遇上险情，救了采珠人一命。尼摩真不愧是个见义勇为的好汉。

几天后，我们进入了红海。那时还没有苏伊士运河，红海就像一条死胡同。我暗想：聪明的尼摩船长这回指挥失误了。半小时后，我们竟然到了地中海。原来在红海和地中海之间有一条海底隧道，这是尼摩在海底旅行中偶然发现的。

一天深夜，我听见一阵响声。我好奇地循声来到观察舱，只见海底深处有一大堆沉船，几个水手从沉船上搬下一些箱子来，里面装的都是些金银财宝。尼摩就是利用打捞所得来搞科学研究的，还经常把部分钱财送给殖民地人民，作为争取自由和解放的活动经费。尼摩船长的所作所为，令我肃然起敬。

此后，我们历尽艰险来到南极。不幸的是，在一次与漩涡的搏斗中，我们的潜水艇遇难了。我们都被抛出水面，我和几个水手侥幸脱险，而可敬的尼摩船长却下落不明。

海底旅行就此结束。10个月中我们航行了两万里，我这个海洋科学家开阔了眼界，增长了见识，我将永远感谢和怀念尼摩船长。

宇宙医院的不速之客

这天，宇宙医院来了一位不速之客，她衣衫褴褛，面无血色，目光呆滞。护士走过来，扶起病人说："地球姐姐，你怎么来了？是不是生病了？"

急诊室里，月亮医生取了血样后看了看说："你的主要血脉经过人类的污染已变黑发臭，已经危害到周围的土地。"接着，月亮医生拿起一张照片说："我们上学那会儿，你的头发多令人羡慕啊！可现在，你的头发因人类的肆意砍伐而不复存在。"

"哎哟——"地球大叫了一声。"怎么了？"月亮问。地球指着一处还冒着烟的地方说："这里好痛！"月亮仔细一瞧，皱了皱眉说："刚才这里有一个核弹爆炸了！"说着便给地球包扎伤口。月亮又凑到一处伤口查看，突然"嘭"的一声，"又一个核弹爆炸，把我的眼睛炸伤了。"月亮抬起头，眼睛流着血说。"有什么办法能治我的病吗？"地球流着泪说。月亮无奈地摇了摇头……

"丁零零——"一阵铃声把我惊醒，哦，原来是一场梦。不过这倒提醒了我们，要保护我们赖以生存的家园——地球。

机器人暴动

"奥布里上校，快来救救我！我是训练和程序设计处自动控制器队的索耶上尉！"索耶躲在岩石下的一个洞穴里，现在正通过通话机求救。一架庞大的、形状像坦克的机器正向他逼近……

到月球上进行试验的自动控制器，还没到第三天就出事了，不知怎么回事，这个大家伙竟然把"枪口"掉转过来，打起制造它的主人来了。它已经消灭了9个人中的8个，索耶就是最后一个。

这个不会说话的自动控制器新兵，取名为"咕哝"，它足足拥有一个团的火力呢。它好像发疯了，把小发射器瞄准黑洞口，朝洞里一阵扫射。"哎哟，我的脚！"索耶失去了一条腿。

"上校，快啊！我快坚持不住了！"

"索耶，我是奥布里，请回话！"

"感谢上帝，终于联络上了！"索耶连忙回话，"上校，'咕哝'叛变了，它的敌我识别系统发生了故障。"

"索耶，振作起来，我们车子正经过红色地区，在向你靠拢！"

"上校，'咕哝'己经杀死了由我指挥的8个人。"

"糟糕，再继续向前，也会很危险的。"奥布里的车子在离"咕哝"28公里处停止了，因为这正处于"咕哝"磁性弹发射器的射程之外。奥布

里，也怕死。

"奥布里你这混蛋，快把我带走！"索耶吼叫着。

"住嘴！索耶！我们要把咕哝置于监视之下，等它的储存器里的能量消耗完了再说。"

"好一个怕死鬼！我只剩下一瓶氧气了，一条断腿还在不停地流血。奥布里，我求求你，快通知基地，发射遥控导弹吧！"

"别喊了，索耶。'咕哝'旁边的坑道是我们在月球上最宝贵的财物，如果毁掉了，我会被送上军事法庭的。"

索耶绝望了。地球光冷冷地照在毫无生气的月球上。

"咕哝"慢慢移到了洞口。索耶望着这个庞然大物，大叫起来："别这样，是我制造了你，你不明白吗？是我制造了你呀！"

"咕哝"好像听不见，继续移过来。

"我的孩子，走开！"索耶临死前讲起了疯话，"让你爸爸在平静中死去吧。我制造了你，我的孩子！"

"咕哝"手中的榴弹发射器愤怒地喷出了火光……

月球上的夜晚一片寂静。

可怕的机器人

这是未来世界的某一天，经历了几个世纪的机器人，在人类不断地改进下，已具备了与人类同等的智慧头脑，它们不愿再被人类支配，为了摆脱人类的控制，它们决定消灭人类。

面对机器人凶残的攻击，人类已无法抵抗了，为了生存，人类只有暂时迁居到了别的星球上，人类生存的家园从此变成了机器人王国。一年后，鲁克军官带领军队重返地球上与机器人展开了激烈的战争，决心收复地球。

经过了几次战斗，鲁克军官发现机器人的本领已经超过了人，收复地球的战斗更艰难了。机器人像是制订好了作战计划，分工明确地坚守着阵地，丝毫不给人类喘息的机会，就这样相持了两天两夜，第三天早晨，机器人停止了攻击，突然全部撤退了。

鲁克军官提醒士兵不要放松警惕，机器人很可能会有更大的进攻。几分钟后，一阵"沙沙"声从对面战壕传来，数千只巨大的金属蟹从对面疾速爬了过来。士兵们先是一惊，随即开火射击，可是打碎了一只，爬过来十只。很快金属蟹便爬到了士兵身上，锋利的蟹爪像刀子一样割在了士兵身上，一阵哀嚎，几百名士兵倒下了，鲁克马上命令士兵退进地下通道，并把入口严密堵死，在出口处等星球的飞船来迎接他们。

傍晚时分，一艘飞船停在了地下通道的出口处，士兵们一看到自己的飞船，便高兴地奔了过去。

"您好，军官，我是下星球402部队的战士，奉命带你们返回基地。"从驾驶舱里走下来的驾驶员郑重地向博士行了个军礼。飞船起飞了，士兵们为能摆脱可怕的机器人而暗自庆幸着，谁也没有注意到鲁克军官一直死死盯着前边年轻的驾驶员。"年轻人，告诉我飞船的着陆地点和联络密码！"鲁克军官突然问道，并朝士兵打了个手势。这位驾驶员不知是没有听见鲁克的问话，还是有意不回答，坐在那里没有出声，但士兵却看到鲁克已举起了枪。就在驾驶员猛地转身的瞬间，两支枪同时响了，但驾驶员还是慢了一点儿。士兵见被打破的脑袋没有流出血，而是一股线路烧焦的味道。士兵这才发现原来驾驶员是个机器人。

奔向新城

太阳正在从他们的背后升起。

"我想我们最好下山去找其他神父，告诉他们这些情况，把他们带到这儿来，"伯尔格林神父说。

太阳爬上了中天，他们踏上返回火箭的道路。

伯尔格林神父在黑板的中间划了一个圆圈。

"这是救世主，上帝的儿子。"

他假装听不见其他神父急剧的吸气声。

"这是救世主，上帝的光荣。"他继续说。

"这看起来像是个几何问题，"斯通神父评论道。

"这是个很好的比喻，因为我们这里说的是象征问题，你必须承认，不论用圆圈表示还是用方块表示，救世主永远是救世主，几百年来，十字架一直象征着他的慈爱和悲痛。所以，这个圆圈就是火星人的救世主的象征，这就是我们要把救世主带到火星上来的方式。

神父们一阵骚动，面面相觑。

"马赛厄斯兄弟，你去用玻璃做一个这样的圆圈来，它象征一个充满火光的球体。将来好放在圣坛上。"

"这只不过是个不值钱的小魔术，"斯通神父咕哝着说。

伯尔格林神父继续耐心地说："恰恰相反，我们要给他们带来一个可以理解的上帝的形象，如果在地球上，如果救世主像一个章鱼似的出现在我们的面前，我们会马上承认他吗？"他伸开双手。"通过耶稣，以人的形状把救世主带给我们，这难道是上帝的不值钱的魔术吗？当我们把在这里造的教堂以及这里面的圣坛和这种圆的圣像都神化之后，难道你认为救世主不会接受我们面前的这个形象吗？你们心里明白，他会接受的。"

"但是一个没有灵魂的动物躯体！"马赛厄斯兄弟说。

"这个问题我们已经讲过了。自从今天早晨回来，已讲过好多遍了，马赛厄斯兄弟。这些生物从山崩中救了我们。他们意识到自杀是有罪的，所以一次又一次地阻止此事发生。因此，我们必须在这些山上修建一座教堂，和他们一起生活，发现他们自己独特的犯罪方式——外星人的方式，并帮助他们认识上帝。"

神父们看起来对前景并不满意。

"是不是因为他们看起来很古怪？"伯尔格林神父有些惊奇。"但是形状是什么？只不过是上天赐给我们大家装智慧灵魂的一种杯子。假如明天我突然发现海狮有自由的意志，才智，知道什么时候不犯罪，知道什么是生活，并且恩威兼施，热爱生活，那么我就会修建一座海底大教堂。同样，如果麻雀哪天凭着上帝的意志奇迹般地获得永生的灵魂，我就用氢气运来一座教堂，并且照他们的样子建造圣像；因为所有的灵魂，不管是什么形式，只要有自由的意志，知道他们的罪孽，就会在地狱里受罪，因为它只不过是我眼里一个球体而已。当我闭上眼睛，它就出现在我的面前，那是一种智慧，一种爱，一种灵魂——我不能否认它。"

"但是那个玻璃是希望放在祭坛上的，"斯通神父反对说。

"想想中国人，"伯尔格林神父冷静地回答，"中国的基督教徒信仰什么样的救世主？自然是东方的救世主。你们大家都看过东方耶稣诞生的情景。救世主穿的什么样的衣服？穿着东方的长袍。他在哪生活？在中国的竹丛树林，在烟雾缭绕的山上。他的眼睑细长，颧骨凸出。每个国家、民族都给我们的上帝增加了些东西，这使我想起瓜德罗普圣母，整个墨西哥都爱她。爱她的皮肤吗？你们是否注意到她的画像？她的皮肤是黑的，和她的崇拜者一样，这是亵渎神明吗？根本不是，人们应该接受另一种与他们不同颜色的上帝是不符合逻辑的，不管他是多么真实。我经常想，为什么我们的传教士在非洲做得很好，虽然救世主肤色雪白。也许因为对非洲的部族来说，白色是一种神圣颜色。随着时间的推移，救世主在那儿难道不也可能变黑吗？形式无关紧要，内容才是根本的东西。我们不能期望这些火星人去接受外来的形式，我们要按照他们自己的形象把救世主带给他们。"

"在你的推论中也有不足之处，神父，"斯通神父说，"难道火星人不会怀疑我们伪善吗？他们会认识到，我们不崇拜一个圆形球体的救助，而是崇拜一个有着躯体和脑袋的人。我们怎么来解释这种区别呢？"

"向他们说明没有差别。救世主会拯救任何信奉他的人。不管是肉体还是球体，——他都存在着。每个人都要崇拜他，当然存在的方式各异。此外，我们必须信任这个我们称之为火星人的球体。我们必须信任一种形式，尽管其外表对我们来说毫无意义。这个球体是救世主的象征。并且我们必须记住，对这些火星人来说，我们自己和我们地球上救世主的形状是没有意义的，是荒唐的，是一种物质上的浪费。"

伯尔格林神父把粉笔放在一边。"现在让我们进山去建造我们的教堂吧。"

神父们开始整理他们的行装。

这个教堂并不是一个真正的教堂，而是在一座矮矮的山上，开辟出一块没有石头的高地，把高地上的土弄平，打扫干净，再修建一个祭坛，然后把马赛厄斯兄弟做的火球放在上面。

工作到六天头上，"教堂"建成了。

"这东西怎么办呢？"斯通神父轻轻地敲着带来的一个铁钟，"这个钟对他们有什么意义呢？"

"我想带它来是为了自我安慰。"伯尔格林神父承认道。"我们要随便些。这个教堂看起来不大像教堂。在这里确实有点可笑——我也有同感；因为改变另一个世界的人对我们来说也是生疏的事情。我总感到像一个滑稽演员。所以我就向上帝祈祷赐给我力量。"

"许多神父感到不愉快，有些还对此开玩笑，伯尔格林神父。"

"我知道。不管怎么样，为安慰他们，我们要把这个钟放在一个小塔上。"

"风琴怎么办呢？"

"明天第一次礼拜式上我们演奏。"

"然而，火星人——""我知道，可是，为了自我安慰，我想还是用自己的乐器，以后我们可以找到他们的乐器。"

礼拜天早晨他们起得很早，一个个像面色苍白的幽灵在严寒中走着，衣服上的白霜叮叮作响，宛如全身都发出和谐的钟声，银白色的水珠摇落在地上。

"我不知道这火星上今天是否是礼拜天？"伯尔格林神父沉思着。但看到神父们畏缩不前，他赶紧走上去。"今天也许是礼拜二或礼拜四——谁说得清呢？但没关系，我在瞎想。对我们来说今天是礼拜天。来吧。"

神父们走进平坦宽阔的"教堂"，跪在地上，冻得浑身发抖，嘴唇发紫。

伯尔格林神父祈祷了一会儿，接着把冰凉的手指放在风琴的键上。音乐像美丽的鸟儿飞翔。他按动着琴键，像一个人在荒原的杂草间移动着双手，把美好的东西掠起，飞入山中。

神父们等待着。

"喂，伯尔格林神父，"斯通神父仰望着寂静的天空，太阳冉冉升起，红如炉火。"我没有看到我们的朋友。"

"让我再试一次。"伯尔格林神父出汗了。

他建起一座巴赫式的建筑，精致的石头堆起一个音乐大教堂，它如此宽大，以致最远的圣坛设在尼奈夫神那里，最远的穹顶高到圣·彼德的左手。乐声缭绕，似乎奏完之后也没有消失，而且在随着一缕缕白云向远处飘去。

天空依然空空荡荡。

"他们一定会来的！"但伯尔格林神父的表情有点惊慌，起初不明显，但越来越厉害。"我们祈祷吧，请他们到来，他们懂得我们的愿望，他们知道。"

神父们又跪在地上，兢兢瑟瑟，低声祈祷。

礼拜天早晨七点钟，或许在火星上是礼拜四早晨，或许是礼拜一早晨，从东方的冰山里出现了柔光闪闪的火球。

这些火球翩翩徘徊，徐徐下降，布满了颤抖着的神父们的周围。"谢谢你们；哦，谢谢你们，上帝。"伯尔格林神父紧紧地闭上眼睛，又奏起音乐来，演奏之际，他转过头去，注视那些令人惊奇的教徒。

一个声音在他的脑海里响了起来，这个声音说：

"我们已经来了一会儿了。"

"你们可以待在这儿，"伯尔格林神父说。

"只待一会儿，"这个声音轻轻地说。"我们是来告诉你一些事情的。我们本应该早点对你说。但我们设想如果没人管你，你会照自己的方式干下去的。"

伯尔格林神父开始说话，但这个声音却使他沉默下来。

"我们是造物主，"这个声音说道；好像蓝色的气体火焰，钻进他的身体，在胸中燃烧。"我们是古代的火星人，离开大理石船的城市，来到这山里，放弃了我们原来的物质生活。在很久以前我们就变成了现在这个样子的东西。我们也曾像你们一样，是有躯体，有胳膊有腿的人。传说我们当中有一个人，一个好人，发现了一种解放人们灵魂和才智的方法，能解除人们肉体上的痛苦和精神上的悲伤，能解除死亡和形体变化，还能解除阴郁和衰老，这样，我们就采取闪光和蓝火的形式出现了。从那以后，我们一直居住在风里，天空和山中，既不得意也不傲慢，既不富有也不贫穷，既不热情也不冷淡。我们不和我们留的那些人——这个世界上另外那些人——住在一起。我们的来历已经忘却，整个过程全忘了。但我们将永远活着，也不损害别人。我们已摆脱了肉体上的罪孽，得到上帝的保佑。我们从不觊觎别人的财产，我们没有财产。我们不偷盗，不杀人，不好色，不怨恨。我们在幸福中生活。我们不能繁殖；我们不吃、不喝，不发动战争。当我们的躯体被抛弃时，我们摆脱了一切淫荡幼稚和肉体上的罪孽。我们已远离了罪恶，伯尔格林神父，它像秋天的树叶一样被烧掉了，像冬天令人讨厌的积雪一样被清除了，像春天有性生殖的红黄花朵一样凋谢了，像使人喘不过气来的酷热的夏夜一样过去了。我们的季节温和宜人，我们这地方思想丰富。"

伯尔格林神父站了起来，因为这声音使他异常激动，差一点使他失去理智。狂喜和热火在他的全身激荡！

"我们希望告诉你，我们感谢你们为我们修建的这个地方。但我们并不需要它，因为我们每个人对我们自己都是一个寺院。我们不需要任何地方来净化自己。请原谅我们没有早点到你这儿来，可是我们不在一起，而且离得很远，一万年来跟谁都没说过话，也没有过任何方式干涉过这个星球的生活。现在你认为我们是这田野上的百合花，既不耕田也不织布。你说得对。所以我们建议把你这教堂的各种部件搬到你们自己新的城市里，去那里把它们净化，你放心好了，我们彼此都和平相处，十分幸福。"

在一大片蓝光之中，神父们跪在地上，伯尔格林神父也跪在那儿，他们全部在哭泣。时间白白地流失，没有关系，对他们来说，毫无关系。

蓝球咕哝着，一阵冷风吹来，又开始升起。

"我可以"——伯尔格林神父在喊道，他闭着眼睛，不敢发问，"我可以——某一天——我可以再来——我可以再来——再来这儿——向你们学习吗？"

蓝火闪闪发光。空气微微颤动。

是的，有一天他可能再来，会有那么一天。

接着火气球飘忽不见。伯尔格林神父像是个孩子一样，跪在地上，眼泪夺眶而出。他对自己喊道："回来！回来！"祖父随时会扶起他，把他带到早已不存在的俄亥俄州城内楼上的卧室里去……

日落时分，神父们从山上鱼贯而下。回头张望，伯尔格林神父看到蓝火在燃烧。"不，"他想，"我们不能为像你们这样的东西修建教堂。你们自己就十分美好。什么教堂能与这纯洁灵魂的焰火相比呢？"

斯通神父默默地在他旁边走着。他终于说："照我看来，在每个行星上都有上帝。他们都是主上帝的组成部分。他们就像一个数据的部位，某一天一定会组合在一起。这已是一番震惊的经历。我不再会怀疑了，伯尔格林神父，因为这儿的上帝和地球上的上帝一样真实，他们肩并肩地躺在一起。我们要到其他世界，增加上帝的组成部分，直到有一天，整个上帝站在我们面前，像新时代的曙光一样。"

"你说的真不少啊，斯通神父。"

"我现在有点感到遗憾。我们要到下面城里去管理我们自己的同类，现在那些蓝光，当它们在我们身边飘绕时，那声音……"斯通神父颤抖着。

伯尔格林神父伸手拉住斯通神父的胳膊，一起走着。

"你知道，"斯通神父最后说，眼睛盯着小心翼翼地抱着玻璃球走在前面的马赛厄斯兄弟，蓝色的磷火永远在里面闪闪发光。"你知道，伯尔格林神父，那里的火球——"

"什么？"

"这就是上帝，毕竟它代表上帝。"

伯尔格林神父微笑着，他们下了山，朝着新城的方向走去。

一小时睡眠

我和教授通过研究，提出了一个激动人心的理论：在不损害人体健康和不减少寿命的前提下，改变人的清醒与睡眠的比例。当然，我们是想减少人的睡眠时间，哪怕是一个小时。

之后，我们一直在实验室埋头搞实验，试验了 3000 多种物质。直到前不久，我们终于发现了几种有效的物质，但它们不够稳定。长时间的研究，没有得到显著成果，真够人心烦的。实验室气氛总是很沉闷，教授一反往日的幽默，变得一言不发。

那天早晨，我们把代号为S_7的新物质给黑猩猩作了注射。20 小时后，教授就像那只不睡觉的黑猩猩一样咧着嘴冲我笑，自嘲地说："我怎么也不困？难道S_7把我的睡眠也减少了？"

几个月之后，我们宣告取得成功：凡是吸入挥发物，或是注射S_7针剂的人，一天只需睡眠一个小时，就能保持一整天精力充沛，这习惯将终生不会改变。而且，使用S_7不损害健康，也不减少寿命。

S_7太成功了，远远超出了我们的预料。一天一小时睡眠！世界为此震惊，大家纷纷要求我们提供。减少睡眠后，为了维持人体能量的平衡，人吃的食物就会增加，这也是理所当然的。但一般人都有时间去获得第二份职业，收入明显增加，在食物上多支出一些也无所谓。

S_7彻底改变了几百万年来人类的古老习惯，人们普遍认为睡眠革命比以往任何一次革命都具有更为伟大而深刻的意义。

一天，我的朋友、著名经济学家罗尔斯先生来到了我们的实验室。

"先生们，请原谅我不懂自然科学，"罗尔斯一进门便一本正经地说道，

"我想请教你们，能否加速动物的生长速度？"

我想了想说："增加一些是没问题的。"

他又问："那么，能否增加植物的生长速度呢？"

教授笑着说："在自然条件下，还没有办法解决这个问题，因为我们无法让太阳只睡一个小时。"

罗尔斯急切地说："这就对了。你们知道S_7虽然缩短了人的睡眠时间，我本人也从中获益不浅，但是，人类食物的消耗量增加了一位，现在地球上已有 70 亿人……"

沉默了很久，教授才迟疑地说："要让 70 亿人放弃 8 小时睡眠，这可是个麻烦的问题……"他忽然加快了语气，"亲爱的罗尔斯先生，请问您是否愿意恢复 8 小时睡眠的老习惯呢？"

小 人 国

格利佛是个医生，他到过许多国家，经历过很多奇奇怪怪的事情。

有一次，他乘船去旅行。船在海上航行了几个月，绕过了半个地球。

一天，海上突然刮起大风，把船刮到了礁石上，撞成了碎片。大家只好各自逃命，格利佛逃到了一个叫利立浦特的小人国岛上。一上岸，他便筋疲力尽地躺在地上睡着了。

格利佛一觉醒来，发现自己的身体被细绳子绑在地上，许多只有手指头那么大的小人，拿着弓箭，在他身上走来走去。

格利佛吓了一跳，大声吼了起来。那些小人听到他如雷的吼声，狼狈地从他身上跑下去，逃跑了。格利佛拼命挣扎，想把绑他的绳子弄断，站起来时，小人们开始用弓箭向他射击。他的一只手臂上就中了100多支箭，痛得像针刺一样。他只好乖乖地躺在地上，一动也不动。

过了一会儿，小人国国王派来一位大臣，踩着梯子爬到格利佛耳边跟他说话。格利佛什么也听不懂，好像听到蚊子在嗡嗡地叫。

那位大臣找来许多木匠，造了一部车子，把格利佛拉到小人国的首都，关进了小人国里最大的一座寺庙里。

小人国的公民们得到消息后，都争着来看热闹。在参观的人群中，有几个不怀好意的家伙，用箭射击格利佛。卫队长抓住了这几个带头闹事的人，交给格利佛去惩罚他们。格利佛把他们全都释放了。这件事给小人国的公民们留下了很好的印象，以后再也没有人欺侮他了。

国王听说格利佛的仁慈行为以后，命令手下的人好好地服侍格利佛。还派了几位聪明的人教他学习小人国的语言。

格利佛很快就学会了小人国的语言。他请求国王恢复他的自由。国王要格利佛发誓，保证不伤害小人国的任何一个人。格利佛答应了国王的要求，对小人国的公民们非常友好。国王这才恢复了他的自由。

在离利立浦特不远的地方，有一个叫卜来夫斯古的小人国。利立浦特国王想利用格利佛占领卜来夫斯古。格利佛没有同意，还帮助这两个小人国签订了互不侵犯的条约。利立浦特国王很不高兴，在一些大臣的挑唆下，决定挖掉格利佛的眼睛，让他慢慢地饿死。

有一个同格利佛非常要好的官员把这个秘密告诉了格利佛。格利佛立即逃到卜来夫斯古去避难。卜来夫斯古国王非常感激格利佛对他们国家的帮助，命令左右热情照顾格利佛。

但是，格利佛不想在这里长期住下去，一心想回到自己的故乡去。几天以后，格利佛在海滩上发现了一艘能乘坐的木船，就把它拖了回来，用当地最大的树木做成桨，用布拼起来做成帆，准备乘船回到故乡去。

卜来夫斯古国王知道格利佛要走，并不挽留他，只是送了许多牛和羊让他在路上吃，还送给他很多金币。

格利佛乘坐小船在海上航行了三天后，幸运地碰上了一艘商船，他得救了。当他向船员们讲述他在小人国的经历时，船员们都不相信他的故事，以为他疯了。格利佛拿出卜来夫斯古国王送给他的小牛羊和金币，让船员们观看，大家这才信以为真，大为惊奇。

两个月后，格利佛又出海旅行去了。

决战时刻

内森来到麦克瑞基地已经 3 年了。3 年来，他常常通过计算机与父亲布里杰博士对话，学到了许多深奥的核物理知识，特别是布里杰通过感应带着内森在宇宙中遨游。使他渐渐掌握了流星动力，在这方面，任何人都比不上他。

雨果及时把内森的情况报告给了查喀尔博士。查喀尔博士听了非常激动，他把内森叫到身边，语重心长地说："内森，布里杰博士已经把一切都传授给你了，今后就要靠你去拯救地球了。"

黑星和他的干将们又在策划一个更大的阴谋。满脸横肉的加洛旦向黑星报告："陛下，部队已经做好了战斗准备。"

"很好，各就各位，等待命令。一定要记住，我们的主要对手是那个内森！"

"放心吧，陛下，我们会毫不留情地消灭他们的。"布莱特上尉和阿亨王子的部队都做好了准备，他们想一举消灭麦克瑞基地，抓获内森。

这时，麦克瑞飞船在靠近纽约的大西洋里露了出来。海岸上聚集着成千上万的群众，以各种方式来表达对麦克瑞这个和平使者的欢迎。

突然，在欢迎群众的背后，出现了黑星的坦克和大批全副武装的骷髅；接着，黑星的飞机也出现在天空。人群顿时混乱起来。

"查喀尔博士，我已测出大批黑星军队正在骚扰群众，但他们真正的目的是向我们进攻。"雨果报告说。

"我知道了。请你把飞船导航到安全地区。"

博士非常镇定，命令麦克瑞小组的三架飞行器出发，和麦克瑞机器人拼接成英勇无比的麦克瑞号，向黑星的军队冲去。

接着，博士又命令雨果把飞船开到黑星的老窝，然后突然出现在黑星的面前。

见到查喀尔博士，黑星假惺惺地说："我一直在恭候您啊，博士！"

"黑星，少说废话。我专门为你设计了这个小玩意儿。"说着，博士举起了手中的中子炮，把炮口对准了黑星的胸膛。

黑星并不惊慌，反而冷笑着说："嘿嘿！看您背后！"

博士扭头一看，不禁大吃一惊。原来，他背后的显示屏上竟是大批已经竖立在发射架上的导弹。黑星得意地说："你看到的这些导弹是我为你们准备的。虽然它们被安置在世界上不同的区域，但它们全部指向你的麦克瑞。"

博士镇定地说："我们有足够的时间保证我们的行动。"

"哈哈！别那么自信，博士，可能你会在我下达命令之前开火，那又有什么关系呢？那些导弹的程序已经编好了，它们一定能摧毁麦克瑞基地的！"

"只要能够最后消灭你，摧毁一个麦克瑞基地又有什么了不起的呢？"博士坚决地说。

"那个男孩呢，难道也一起被毁掉吗？博士，我们还是讲价钱吧，"黑星恶狠狠地说，"我要的就是那个男孩的流星动力。"

"黑星，这是妄想！"博士又大叫一声，随后扣动扳机，一连串中子炮弹射向黑星。炮弹在黑星身上爆炸了，就成了一团熊熊烈火。可是黑星晃了晃身体，火势就很快消失了，一点儿也没有受伤。

这一下，黑星恼羞成怒："哼哼，现在该我进攻啦！"

黑星命令整个黑星部队开始大规模进攻。

这时，麦克瑞基地只剩下内森和安迪两个人。内森凭感觉知道情况的严重性，他对安迪说："我已经完全掌握了流星动力，可以控制黑星的所有武器和部队，再见，安迪。"话音刚落，内森全身光芒四射，很快就消失在太空中。

说来也怪，战场上的战斗一下子平息了，黑星的飞机一架架着陆，坦克的炮口全部向下，骷髅兵们纷纷放下手中的武器，连阿亨王子、布莱特、加洛旦等干将也都走出控制室，宣布不再参战。只有黑星还不肯认输。查喀尔博士发出警告："黑星，快投降吧！""不，决不！"黑星声嘶力竭地叫着。查喀尔博士又一次开炮了。黑星突然变成一个火球，飞上了天空，缠住麦克瑞号，和它对打起来。

麦克瑞号眼看就招架不住了。"内森，你在哪儿，快来帮助我们！"查喀尔博士呼唤着。

"博士，我来了。让我来教训他。"内森应声出现在空中，大声对黑星说："到你该去的地方去吧！"说着，内森伸出手掌对准了黑星，一束光线立刻从他的手掌里射出来，包围了黑星所变的火球，火球被分割成一片一片的红云，向四周散落，黑星被消灭了。

"噢，我们胜利啦！我们完全打败黑星啦！"内森欢呼起来，查喀尔博士也高兴地笑了。

猫

S 先生独个儿住在郊外的一片树林的深处。不，说得准确点，是和一只猫住在一起。

有一天晚上，发生了一件事情。

屋外响起了一种陌生的声音，接着，又响起了敲门声。

"究竟是谁在捣鬼？"

S 先生说着，凑着暗淡的光线细细一看。这下子，他可吓晕过去了。

原来那条淡长茶色的细长的东西，并不是工具、玩具之类的，而是身体的一个部分。这种生物地球上是不可能有的，一定是从遥远的纸牌星来的。

纸牌星人来到室内。猫无聊地伸展身子躺在地上，只是"喵呜、喵呜"地叫着。听到这声音，纸牌星人发话了：

"我能以精神感应的方式同任何星球上的任何生物进行交谈，现在就用它来谈谈吧！"

猫同志也以精神感应方式回答道："哎哟，语言沟通了呢，真方便！可我从未见到过您，有什么事吗？"

"说实在的，我是纸牌星来的调查人员。我到处巡视茫茫星际，专做区别和平与非和平星球的记录工作。"

"那么说，您顺便也上这儿来了？"

"是的。不过，我可佩服您了。大多星

球上的居民一看见我这般模样，就会惊恐万分地乱叫乱逃。可是，您却颇为镇定自若呢。"

"如果个个都担惊受怕的话，那统治者的位子就保不住啦！"

"那倒是。您是统治这个星球的种族吗？我原先还以为倒在这儿的两条腿生物也许是统治者呢！真是对不起。那么。这两条腿的生物是……"

纸牌星人用淡茶色的臂尖指着失了神儿的 S 先生。猫小着声儿地答道：

"这两条腿的自称是人，是我们的奴隶，得专门好好地给我干活。"

"您能说详细点吗？"

"哟，全部说来可太麻烦了。比如，这所房子，是人制作的。还有，他饲养了一种叫牛的动物，每天挤奶给我送来。"

"这可不是一种相当聪明的生物吗？可是，不久他们也许会对自己的努力地位感到不满，而想到要背叛。这不要紧吧？"

"不用担心，他们哪有这么聪明。"

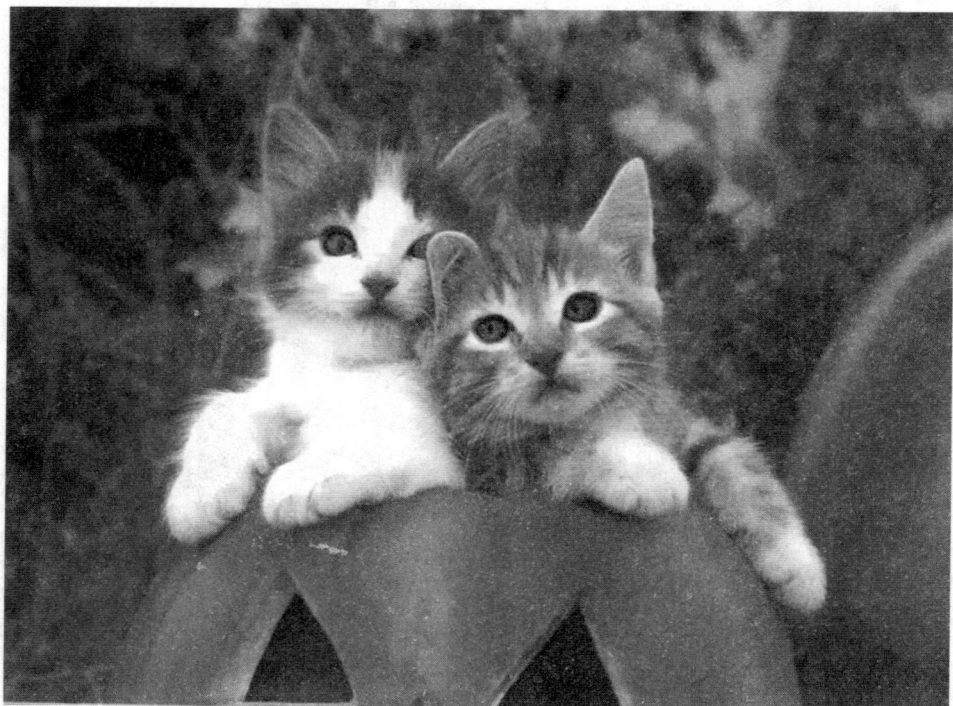

纸牌星人说："实在很抱歉，能让我使用一下说谎拆破仪吗？我想正确地做个调查。"

"请便吧！"

猫似乎很不乐意地答道。纸牌星人把一件机械搁在猫的头部，提了几个问题。

"真令人吃惊，像这样和平的种族所统治的星球，我还从未见过。我祝愿你们能永远继续统治下去！"

"那当然啰！"

纸牌星人告别了猫，移动起笨拙的身子，从门口出去了。然后，它进入停候在林中的小型宇宙飞船，消失在夜空。

过了不久，S先生神志清醒过来，提心吊胆地环视了一下四周，便对猫说道：

"你看到什么了吗？我觉得好像有个奇形怪状的东西。"

猫像往常一样，"喵呜喵呜"地叫着。

S先生点着脑袋，说：

"没看见过吧！那当然，不大可能有那种淡茶色、梅花形的生物。肯定是我自己的错觉。喂，你说是不是？"

S先生又开始抚摩起猫背，猫宛若无事一般，只是"喵呜喵呜"地叫着。

"我们被关起来了！"

"这是一座监狱！"

"现在该怎么办？"

"我真不知道你们这些家伙懂不懂英语，"黑暗里传出了一个怠倦的声音，"你们倒是让我睡个安稳觉呀！"

这两个囚徒这才意识到他们并不孤独，在这地窖的墙角里有一张床，床上躺着一个衣着不整的青年人，正用一双不满的眼睛迷茫地注视着他们。

"天哪！"当斯特嚷道，"你看他是个危险的罪犯吗？"

"暂时看起来不像很危险。"克利斯梯尔审慎地说道。

"喂！你们怎么也进来了？"青年人问道，摇晃着身子坐了起来。"看来你们是刚参加完化装舞会吧。哟，我这该死的头！"他难受地朝前俯伏下去。

"化了装就得像这样被关起来吗？"善良的当斯特说道，然后继续用英语说："我真不知道我们怎么会到这儿来的，我们只是告诉了警察我们是从哪儿来的，这就是全部经过。"

"那么，你们是谁？"

"我们刚刚降落——"

"喂，没有必要再重复了，"克利斯梯尔打断他的话，"没有人会相信的。"

"嘿！"青年人再次坐了起来，"你们用什么语言讲话？我才疏学浅，从来未听过你们这种话。"

"我看，"克利斯梯尔对当斯特说道，"你应该告诉他，反正在警察回来之前什么也干不成。"

　　这时，亨克斯正在电话中同当地疯人院院长认真地交谈着，院长一再坚持他的病人一个也没有少，然而还是答应再检查一遍，待有了结果就给他回电话。

　　亨克斯怀疑是否有人在故意跟他开玩笑，放下听筒后，便悄悄地走向地窖。看起来这三个犯人正在友好地交谈，他便踮起脚尖走开了。应该让他们冷静一下，这样对他们有好处。他轻轻揉揉眼睛，脑子里还萦绕着他清晨时抓格拉哈姆进监狱时的那场搏斗。

　　这位年轻人现在已经清醒过来了，他对昨天能参加圣餐庆祝会并不感到后悔。可是当他听到当斯特讲的故事并期望得到他的回答时，又开始担心是否自己还未完全清醒。

　　格拉哈姆想，在这种情况下，最好的办法还是在幻觉消失以前就把这事儿尽量当成真的。

　　"如果你们真在山里有飞船，"他说道，"那你们肯定可以同他们取得联系，并让他们派人来救你们。"

　　"我们想自己解决，"克利斯梯尔不卑不亢地说，"另外，你还不了解我们的船长。"

　　格拉哈姆想，看来他们非常自信。这整个故事凑在一起也很合理，可是……

　　"你们能建造星际飞船，可是连一座乡村派出所也出不去，真叫人有点不敢相信。"

　　当斯特看了看拖着沉重脚步的克利斯梯尔。

　　"要逃出去真是太容易了，"人类学家说道，"但是，我们不到万不得已时是不会轻易使用暴力手段的。你不了解这会引起什么麻烦，也不了解我们将填写一种什么报表。此外，如果我们逃走了，你们的追捕队恐怕在我们到达飞船以前就会抓住我们的。"

　　"起码在小米尔顿是抓不着的，"格拉哈姆笑着说，"如果我们能设法穿过'白鹿'，他们就更抓不着了，我的汽车就在那儿停着。"

"啊，是这样呀。"当斯特说道，他的精神又重新振作起来。他转过身去和他的同伴激动地交谈了几句，然后谨慎地从内衣口袋里掏出一个黑色的小钢瓶，他小心翼翼地摆弄着它，就像一个少女第一次拿着一支上了膛的火枪一样。克利斯梯尔很快地退到地窖的墙角里。

就在这时，格拉哈姆忽然肯定地觉得自己非常清醒，确信刚才听到的故事完全是真的。

没有忙乱、没有电火花或五颜六色的射线，一段三英尺见方的墙壁悄悄地溶化了，崩溃成一堆锥形的小沙堆。阳光射进了阴暗的地窖，当斯特松了一口气，一边把他那神秘的武器收了起来。

"好了，过来吧，"他对格拉哈姆说道，"我们等你呐。"

没有人追他们，因为亨克斯还在电话中争吵不休。如果几分钟以后他回到地窖时，一定会发现他政治生涯中最令人惊奇的事。当格拉哈姆重新在"白鹿"出现时，没有人感到奇怪，他们都知道昨天晚上他到哪儿去了，并希望在开庭审判时法官会宽恕他。

克利斯梯尔和当斯特极为不安地爬进一辆"班特力"牌小轿车的后座，这辆汽车样子奇特，显得很不平稳，可是格拉哈姆亲切地称它为"玫瑰"。幸而放在一个生了锈的铁罩子下面的发动机是好的，很快，他们以每小时五十英里的速度吼叫着驶出了小米尔顿，这简直是一种慢得惊人的相对速度，因为近几年来，克利斯梯尔和当斯特一直是以每秒钟几百万英里的速度遨游太空，现在却感到从未有过的害怕。克利斯梯尔稍微恢复正常后，便掏出袖珍报话机向飞船喊话。

"我们正在返回途中"，他在狂风中嚷道，"我们找到了一个非常有知识的人，他现在正跟我们在一起，我们大概——呜——对不起——刚才我们正穿过一座桥——十分钟以后就回来。什么？不，当然不是，我们一点麻烦也未遇到，一切都很顺利。再见。"

格拉哈姆回过头看了一眼他的乘客，这一看使他感到很不安，他们的耳朵和头发由于粘的不够牢，已经被风吹掉了，他们的真面目开始显露出来。

格拉哈姆开始不安地怀疑，这两个人似乎连鼻子也没有。唉，没什么，习惯成自然，呆长了什么都会习惯的，今后他还有足够的时间同他们打交道。

　　当然以后的事不说你们也会知道，可是这个关于第一次到地球着陆的故事，以前从来还未记述过。就是在那种特殊的条件下，格拉哈姆成了人类奔向浩瀚宇宙的第一位代表。我们这些材料，都是我们在天外事务部工作时，经过克利斯梯尔和当斯特的允许，从他们的报告中摘录出来的。

巨 人 国

　　格利佛又要去旅行了。这一次他乘坐的是"探险号"轮船。半路上，遇到了风暴，船漂到了一个陌生的地方。这时候，船上的淡水快用完了，格利佛和几个水手登上一座荒岛去找水。突然，他们发现一个跟教堂的尖顶一样高的巨人在追赶他们。其他的同伴都逃回船上去了，格利佛晚了一步，没跟上大家，被留在荒岛上。

　　格利佛害怕极了，慌乱中爬上了一座很陡的高山。他向四周望了望，看到有一个山村，还种植着庄稼，可是很奇怪，这里的青草长得比人高，庄稼长得就像森林一样高大、茂密。格利佛进了一块麦田，在里面什么也看不见。大约过了一个小时，麦田里来了几个人，他们是来收割庄稼的。格利佛眼看就无处藏身了，便躺在草丛中等死。

　　一个巨人发现了躺在草丛中的格利佛。一开始，那巨人又惊又怕，以为格利佛是什么危险的动物，用两个手指像抓一只苍蝇那样，把格利佛高高地举在空中。格利佛疼得要命，又害怕被巨人摔死，就向巨人苦苦哀求。那巨人好像听懂了格利佛的意思，把他放在衣袋里，交给了主人，并把发现格利佛的经过对主人说了一遍。

　　主人观察了格利佛的一举一动，相信他是与人类似的动物，就把他带回了家。

　　巨人一家对格利佛很友好。那个主人叫他9岁的女儿做格利佛的保姆和老师，教他学巨人国的语言。还给他取了个名字，叫格立锥格，意思是小人。

　　巨人在麦田里捡到了一个形状像人的怪物的消息，很快就传开了。主人听从朋友的意见，在一个集日把格利佛带到了集市上，让他表演了许多节目，主人赚到了一大笔钱。

从此，主人就带着格利佛到全国各地去展览演出，后来到了首都。国王下了一道命令，要那个巨人带着格利佛进宫，为王后表演。看了格利佛的表演后，王后舍不得让他走，就用1000块金币把格利佛买了下来。国王开始以为格利佛是由哪位高明的工匠装配起来的机器，格利佛就向国王讲述了自己是怎样来到这里的，还把自己国家的事情讲给国王听。国王相信了格利佛的叙述，叫王后好好照顾他。

王后命令木匠给格利佛做了一个箱子居住；每逢吃饭的时候，王后总要格利佛陪她一起吃。国王也喜欢格利佛，空闲时总喜欢和格利佛一起谈话，让格利佛给他讲述有趣的事情。

王后身边有一个矮子，只有其他巨人一半那样高，但还是比格利佛高许多倍，就常常欺侮格利佛。巨人国里的苍蝇，有老鹰那样大，常常飞到格利佛的脸上捉弄他。一次，格利佛在王宫里看花，一条像大象一样高大的狗，把格利佛当成小兔子咬在嘴里。格利佛吓得昏了过去，幸亏狗没有咬伤他的身体。

格利佛在王宫里虽然受到国王和王后的喜爱，但他总盼望着有一天能回到自己的祖国去。

一晃两年已经过去了。一天，国王和王后要到外地去旅行，把格利佛一起带去。到达目的地以后，一个仆人拎着格利佛居住的木箱子，到海边去让他呼吸些新鲜空气。

木箱子放在海边，被一只老鹰发现了。老鹰想把箱子里的格利佛吃掉，就把箱子叼走了。刚飞到半空中，便遭到其他老鹰的抢夺，箱子掉到了海里。

格利佛在箱子里拼命喊救命，还把手绢系在木棒上，伸出窗口挥舞，盼望有人来救他。大约过了一个小时，一艘客轮驶经这里，船上的人惊奇地发现了箱子里的格利佛，把他救了出来。格利佛再次回到了家乡。

由于格利佛在巨人国住了两年，已经看惯了那里的一切，回家后，看到的房屋、树木、牛羊都非常矮小，觉得很不适应，甚至以为自己又回到了利立浦特小人国。过了很久以后，他才慢慢地习惯了。

博士遇难

在遥远的未来，罪恶的黑星和他的军队为了控制地球而发动了战争。以查喀尔博士为首的麦克瑞小组，为了维护正义奋起反击，成了黑星的唯一对手。双方几次交战，黑星屡屡遭到失败。他召集几位忠实干将，一起策划新的阴谋。

佛雷兹博士首先出谋划策："陛下，威廉·布里杰博士研究的流星动力已经获得成功，它肯定能帮助我们征服地球。"

"谁去拿呢？"黑星问。

"我手下的间谍一定能办到。"独眼龙布莱特上尉接受了任务。

这时候，在瑞典皇家科学院大会上，科学家们正在为布里杰博士荣获这一年诺贝尔物理奖而热烈鼓掌。忽然，后排几个座位上出现了几位行踪可疑的人，虽然他们也在鼓掌，可是眼睛却紧盯着布里杰博士身边的那只公文箱。他们就是布莱特上尉派来的骷髅间谍。会场上他们无法下手，就在去机场的途中，把布里杰博士绑架到了一幢房子的地下室里。

"快把那只文件箱交给我们！"骷髅们喊道。博士看了他们一眼，平静地说："现在我没有什么好选择的，你们把它拿去吧。"说罢，博士把箱子提了起来。就在骷髅们冲上前来抢的时候，博士按动箱子上的一个红色按钮，"轰隆"一声巨响，箱子里的高效炸弹爆炸了，布里杰博士和他的公文箱，连同黑星的喽啰们都同归于尽了。

布里杰博士的儿子内森得到这个消息，悲痛万分。去年，妈妈因为意外事故离开了人世，如今，爸爸又被害死，只剩下他一个人，今后该怎么办呢？

忽然，一把雨伞遮在了他的头上。内森扭头一看，原来是一位老人。老人说："我是你爸爸的同事查喀尔博士。你爸爸曾委托我做你的保护人。现在，快跟我走吧。"

这时，从远处传来了一阵怪叫声。"这是什么声音？"内森奇怪地问。"孩子，黑星没能从你爸爸那里拿到他想要的东西，所以派骷髅来抓你了。快走吧！"查喀尔博士催促道。

博士带着内森奋力冲出骷髅的包围圈，来到了麦克瑞基地。内森的机器人"保姆"安迪已经等候在门口："早上好，内森。今后这里就是我们的新家了。"

查喀尔博士说："是啊，今后我们就是一家人了。我来介绍一下，这是凯茜，我们的行动总管；这两位是加森和斯科特，出色的战斗机飞行员……"博士的话还没有说完，一个响亮的声音从头上传来："查喀尔博士，怎么不向内森介绍我呢？"

"咦，这是谁呀？"内森好奇地抬头望去，除去一大片闪烁发光的指示灯以外，什么也没有。

"我来介绍，这是雨果，我们基地的电脑中心。"

突然，基地控制室的红灯一闪一闪，同时传来雨果的声音："战斗警报。黑星派来大量飞机正向麦克瑞基地飞来。"博士立即发布命令："麦克瑞小组做好战斗准备。"加森、斯科特、凯茜迅速带上头盔，坐上了各自的驾驶座椅。博士一声令下，三个驾驶座椅进入了三架飞行器里，迎着黑星的飞机高速飞去，一阵炮火，打得骷髅驾驶员哇哇直叫，黑星的进攻被粉碎了。

查喀尔博士告诉大家，今后麦克瑞将以一艘大型飞船为基地，驱动飞船的能量就是布里杰博士研究的成果——流星动力，由电脑中心雨果指挥。飞船起飞了，它不断升高，当高度达到纽约摩天大楼的最高层时，忽然火光一闪，飞船融化在耀眼的亮光里，变成了一束旋转的光线，消失在茫茫天际。

黑星从显示屏中看到了麦克瑞飞船起飞的情况，怒气冲冲地对部下说："麦克瑞飞船已经发射了，你们说怎么办？"

布莱特上尉说："陛下，您别着急。我派去的骷髅兵已进入飞船。"显示屏上，一群骷髅兵正在飞船里四处搜索着。

雨果也发现了飞船里的骷髅，他及时将情况报告给查喀尔博士。

"立即干掉他！"博士斩钉截铁地说。没多大工夫，骷髅兵已片甲不留，完全被解决了。

内森加入了麦克瑞小组后，常常思念起去世的爸爸。有一天，他终于梦见了爸爸。爸爸对他说："我在发明雨果的时候，就将我的脑纹输入它的线路，雨果就是根据我的意志在指挥麦克瑞的。今后，我们可以通过计算机交谈。内森，我有许多东西要教给你，再见了，我的孩子。"内森醒后，把梦中的情况告诉了查喀尔博士。博士相信布里杰的遗传因子，一定会在内森的身上发生作用的，使内森去完成布里杰尚未完成的伟大事业。

就在这时，雨果的声音又传来了："黑星知道布里杰博士的思维已经灌进内森的潜意识中，因此，黑星将竭尽全力抓获内森。"

灭绝鼠患

贝拉宁拉着王思蒙教授走上讲台，向生物学家们介绍："这位是生物研究之王——王思蒙教授。"台下一片掌声。

王教授清清嗓子："从有人类开始，老鼠就一直危害人类。可是直到一个月前，老鼠和人类彼此还算相安无事。人类杀不光老鼠，老鼠也不能危及整个人类。

"但是前些天，南半球灾难地出现了数以亿计的老鼠大军，鼠群过处，鼠疫、流行性出血热等，有沆行全球的危险。虽然我们采用了各种办法，但效果甚微。今天，我就贡献一个方案。

"我发现猫头鹰在吃饱之后，遇到老鼠仍无情追杀。猫头鹰体内会不会有什么特殊的激素使它如此痛恨老鼠呢？两个月前，我终于提炼出一种暂名为'厌鼠素'的东西！只要把它注射入动、植物体内，动物就会杀鼠如狂，植物则会产生能杀死老鼠的剧毒。但必须找到一种携带者，使携带者杀鼠，于是，

我把一种分裂能力很强的细菌'三球菌'放入厌鼠素中培养。两天后，终于成功！这种'厌鼠三球菌'一遇老鼠，迅速传染到鼠体上，使老鼠三两分钟内死亡……"他话未说完，已被一片欢呼声淹没。

一个月后，鼠群土崩瓦解，人类胜利了！

　　但是，没过多久，世界动物保护协会便不得不宣布，由于"厌鼠三球菌"的强大威力，老鼠已成为世界濒危动物。一个星期后，世界动物保护协会还是遗憾地宣称：所有鼠类已在地球上灭绝。

撒离地球

全球 160 亿居民，紧张地注视屏幕，人类正和机器人作最后一轮谈判。

"你们忘恩负义！别忘了，是人类创造了机器人，可如今，你们竟想开除人类的球籍！"人类最杰出的辩论家凯伦博士擂着桌子喊了起来。

"请冷静，博士先生。"机器人首席代表卡迪卡始终保持着平和的语气。"不错，不过那是 1000 多年前的事了。从 30 世纪开始，人类就已经完全依赖机器人生存了，而人类本身的智能早已衰退了。"

"收起这些陈词滥调吧，卡迪卡先生。早在 20 世纪的史料上，就有了这类耸人听闻的说法。可 15 个世纪过去了，我们不是依然生活得很美满吗？"

"美满，或许可以这样说。可是，好景不会长久了。"卡迪卡的语气突然低沉下来，"有一个灾难性的消息，由于人类超限度的需求，根据精确统计，维持人类生存的主要资源，将在半年之内全部耗尽，届时全人类将遭到灭顶之灾！"

"什么，这不可能！"凯伦博士突然从座椅上弹了起来。

"不，这恰恰是事实。请看吧——"卡迪卡撤动了遥感监测仪的按键，四壁的环形立体屏幕上，清晰而直观地显示出地球各种资源的分布、消耗情况。这一切，不容怀疑地表明，地球养活人类的日子已屈指可数了。

"天啊！"凯伦博士绝望地喊道。

"到哈林慧斯星球上去！"卡迪卡语气坚定地说，"这颗星球上，具备人类生存的一切条件，人类可在那里获得新生。"

"真的吗？"凯伦博士有了希望。

"绝对可靠!"卡迪卡随即用忧虑的口气说，"不过，那是一个荒凉世界。"

"哦，那有什么可怕，有你们机器人在，人类怎么会吃苦。"

"不，一切要靠人类自己去开拓了。要完成这次星际迁徙，需要很多能量，而地球现有的能源储备量，只能送走全球居民的90%，剩下的就只能靠全体机器人身上的能量了。"

"我们不能离开你们，不能啊——"凯伦几乎哭了起来。

"只能如此了，而且必须立即行动，否则就无法保证全体居民撤离地球!"

当最后一艘太空船冲向大气层时，传来卡迪卡对人类极其短暂的赠言——"走向新生，勿忘反思!"

冬　人

杰克·凯斯志愿参加太空飞行，离家 3 年后返回地面休假。回到家中，屋子乱糟糟的，妻子也不见了。于是他便四处找妻子的下落。

他走到大街上，看到路边有一群十来岁的孩子围成一堆，嘲弄一个模样古怪的人。那被捉弄的人行动反应缓慢得出奇。别人戳他的脸，他想举手招架，手还未抬起，胸部却又挨了几下。他无可奈何，脸部表情既像愤怒，又像痛苦。凯斯对孩子们的恶作剧实在看不下去，便上前驱散了他们。

这时，被打的人蹲在地上，慢慢张开嘴巴，喉咙里发出微弱的声音，但谁也听不清是什么意思。凯斯以为他有病，问过路人能否帮忙找个医生。对方说："他是冬人，他们有自己的医生。"凯斯问："什么叫冬人？"对方见他连冬人都不懂，不耐烦多作解释，只是说："他没事，你别管了。"说罢，扭头就走了，弄得凯斯很尴尬。

晚上，凯斯去朋友家，又谈起"冬人"的事。朋友知道他离家多年，难怪对世事的变化竟变得如此陌生了。于是，就给他讲了有关冬人的来龙去脉。

"冬人，就是冬眠的人。早些年，宇航局设立了一个实验室，根据动物冬眠的原理，研制出一种能使人体减缓代谢、减少人体输出的激素，名叫"托匹克斯"。原想将它用于宇航事业，但宇航员用药后反应十分迟钝，难以适应，因此未被推广利用。

眼看这项科研成果被搁置起来，想不到国会里有些人灵机一动，使被冷落的托匹克斯摇身一变，成了控制犯罪的绝招。

从 70 年代开始，盗窃、凶杀等恶性犯罪事件层出不穷，加上死刑的废除，使各种罪犯更为嚣张。全国的监狱都爆满了，对罪犯的管理费用耗去整个国民经济收入的十分之一，使纳税人不胜负担。经过国会辩论，通过了一项法案，凡是判过刑的犯人，都给注射托匹克斯，让他们变成冬人。托匹克斯的药性很长，注射一次可以维持 10 个星期甚至 3 个月，到时候继续注射，直到刑满为止。一般地说，犯人大都被安置在专门的宿舍里，每隔 3 天吃一顿饭。因为用药后犯人的能量消耗只是正常人的十分之一，所以不会感到饥饿。关在这里的犯人也有一定的行动自由，只要他们不出城市的范围，并按时注射就可以了。

人们不怕冬人继续行凶作恶和逃跑，这是因为：冬人的形象很古怪，在大庭广众之间显得非常突出，人们一眼就能认出他们；他们行动特别缓慢，即使想行凶作恶，人们也有足够的时间采取措施将他制服；判刑后，每个犯人都要做一次手术，用一根空心针把放射性物质埋到脑子里，它发出的信号，使刑警人员在 1.6 公里之内都能探测到犯人的位置，使他无法逃跑。这种物质是按犯人刑期长短事先配制好的，刑满之前无法消除。

在此期间，犯人如想逃跑，或不按时继续注射托匹克斯，随时都能缉拿归案。要想私自从脑部摘除这种物质，是要冒生命危险的。

凯思听完朋友的介绍，心里很不是滋味。

地心游记

德国矿物学教授利登布洛克买了一本书。他的侄子阿克赛对书中夹着的羊皮纸文字内容很感兴趣，废寝忘食地研究起来，终于悟出这是 16 世纪冰岛炼金术士阿恩·萨克奴珊地心之行的简要记录。

意外的发现使利登布洛克教授决心去地心一游。于是，他和助手阿克赛便出发去冰岛，在向导汉恩斯的帮助下，他们备足粮食，带上探险仪器和防卫武器，奔赴地心入口——斯奈弗火山口。

斯奈弗火山口呈倒圆锥形。他们滑到底部，在熔岩西面的木板上，发现了"阿恩·萨克奴珊"的签名，但无法确定三个洞口中哪一个通往地心。

他们在洞口等了三天，盼来了云开日出。根据羊皮纸上的文字指点，他们认定中午时分阳光所照耀的那个洞口为地心入口处，便走了下去。

穿过狭长的坑道，根据地温变化的情况，他们断定已经到了海平面以下3000 多米的地方。阿克赛检到一块类似土鳖的兽皮，教授认定这是古代节足动物中一种已经灭绝了的甲壳动物的皮。他们向四周一看，发现了许多发育较为齐全的动物遗骸：有硬鳞鱼，也有古爬虫巨蜥。渐渐地，大理石、片麻岩、石灰石和沙石，被一种暗淡无光的物质代替，这里竟然有煤矿！教授解释说：这里原来的植物先变成泥炭，又变成矿物。其实，这个原始坑道就是一座埋藏着无穷宝藏的迷宫，这里还有发光的金属层——铜、白金或黄金。

忽然，他们听到了隐隐的流水声。向导汉恩斯挥镐开凿岩壁，裂口里竟喷出含铁的沸水，他们称之为"汉恩斯小溪"。而"汉恩斯小溪"却把他们三人冲散了。阿克赛惊恐地呼喊着，当他把耳朵贴在岩壁上时，听到了教授的回应。这奇怪的传声现象是由地道的形状和岩石的传导率决定的。

经过一番曲折，三个旅行者又重逢了。他们的前方忽然出现了一片"海"。"海角"的一边是蘑菇森林，他们在这里找到了乳齿象的下颚骨。为了渡"海"，汉恩斯做了个大筏。航行途中，在距离木筏约100米的地方，他们突然看见有两只海兽在搏斗。其中一只长着海豚的鼻子、蜥蜴的脑袋、鳄鱼的牙齿，是古代爬虫类中最可怕的鱼龙；另一只是鱼龙的死敌颈龙，它有圆筒状的身体、短短的尾巴和浆状的四肢，伸缩的头颈一抬起，大约有10米高。他们举枪准备射击时，海兽却潜入海里去了。

正在这时，暴风雨来了。他们的木筏撞在岩石上，碎了。汉恩斯连忙去砍伐木材修理木筏。教授和阿克赛趁此机会，来到了一片冲积成的沉渣地上。他们的脚下到处都是各种贝壳和史前动物的遗骨。接着，他们又惊喜地发现了奇特兽、乳齿象、原猿、翼手龙的遗骨；在附近的火山上，他们还看见了个第四纪人的完整标本。

木筏修复了，他们继续前行，但他们的道路被花岗石地壳拦住了。为了打开通道，他们在岩石内放了炸药。没有听见爆炸声，却见岩石像一道帏幔似的分开了，眼前是深不可测的无底洞，海面掀起了巨浪，木筏直立在浪尖上。他们无论如何也没有想到，折回来的岩流已将他们带到火山喷口的边缘。经过打听，他们才知道，此刻所处的位置是西西里北部的斯特隆博利岛。

这次地心之行，行程将近6500公里，历时13个星期。教授和阿克赛告别了向导汉恩斯，踏上了回归汉堡的路程。

星际追踪

外星人的警示

一天，我正在应用电脑研究九大行星的内部结构时。突然，电脑屏幕一黑，过了一会儿，电脑旁的音箱里响起了一阵悦耳的管风琴声，随即电脑上出现了一个青面獠牙的外星人首领，他还用生硬的语言对我说："听见了吗？地球人，我们三个月以后就会和你们这些自不量力的地球人战斗。你们不要鸡蛋碰石头啦！乖乖地投降吧！哈哈哈哈……"我气得直叫："哼！你们这些外星人有本事就比，小心我们把你们打得落花流水。"说完就按了一下图像炸毁按钮，随着"哗！"的一声，外星人图像就被炸得粉碎。我自言自语地说："看来，外星人是打算侵略地球了，在这以前外星人已经占领了八大行星，还在上面建了许多外星人基地，如果地球被它们占领了，它们也想用同样的手段对待地球，我得通知一下黄博士。"我急忙打电话给黄博士。正巧，黄博士正在和李博士一起散步，就带着李博士一起来了。我们三人坐在一起，讨论着作战计划……

紧急准备

经过我们的讨论，我决定先攻击水星上的外星人基地，再消灭掉其他星球上的外星人。因为水星上的外星人最强，所以只要我们先消灭了水星上的外星人，那就等于我们胜利了。我把这个想法告诉了黄博士和李博士，并征求他们的意见，"黄博士、李博士，你们是否同意我的想法呢？"李博士轻轻地点了点头，黄博士还在那犹豫不决。我等不及了，问："我说你到底同不同意？说话啊！"黄博士终于答话了，说："我同意是同意，可就是我们到哪儿去买航天等离子飞船呢？""这么简单的问题。没事，我一定能买到飞船。我和一家航天战斗机公司的老板是好朋友，我们可以从他那购买到任何品种的飞船。"我胸有成竹地说。

说干就干，我来到电脑前，输入了航天战斗机公司的购买密码。一会儿，那位老板就出现在了电脑屏幕上，还说："好久不见，最近你好像变瘦了，是不是太累了，我派人送些食物去给你补补身体，还要注意多休息。差点儿忘了，您要买什么？""那还用问，买1000架等离子飞船。做这么多年朋友，连朋友要买什么都不知道。"老板听了吓了一跳，用颤抖的声音说："请……问……请问你买这么多飞船干什么？"你知道老板为什么这么吃惊吗？因为等离子飞船是现代最好的飞船，它的功能有许多，可以自动隐藏在夜幕中，还能发出激光来攻击敌人，有时甚至能把敌人的飞船射出一个巨型大洞。等这种飞船的能量达到了极限，就能发出能消灭巨型飞船的能量大炮。这个飞船还有一个所有飞船都不能做到的功能，就是能把一个星球格式化，还可以把这个星球摧毁掉。公司老板看我不说话，就说："好好！就卖给你，明天你来取货。"说完就关掉了自动购买机，我转过头，心里暗想："飞船的问题搞定了，下面就是演习了。"

拿到了飞船以后，我们就来到太阳系外的行星演习。因为，只有太阳系外的行星没有被外星人占领，如果是在地球上就会影响人们的生活。我们降落到了一个火红色的星球上，对所有飞船做了一番详细的检查。你一定会感到奇怪，每艘飞船都有驾驶员，可以直接让驾驶员检查以后汇报啊！怎么需要我们去检查呢？告诉你吧，这些飞船除了我们驾驶的那架以外，都是自动化的，我们往哪走，它们就往哪走。我们选了一个开阔地进行演习，这次演习还算比较成功，不过我们还是发现了这些自动化飞船的一个缺点：它不会用那些高级武器，只会用导弹和空雷这些低级武器来攻击敌人。演习结束后，经过我们的改进，飞船已经没有缺点了。

我们回到地球，一边思考着攻打外星人的最佳方案，一边等待着和外星人决战的日子。一天，我猛然想起，外星人和我们地球人不同，它们是金属结构的，靠吸收二氧化碳等有毒气体维持生命，而人类是碳水化合物结构的，靠氧气维持生命，如果外星人来到地球上，哪怕空气里只含有0.1%的氧气，他们就无法生存。所以他们想取得胜利，只能利用氧气吸收器在太空中吸收地球中的氧气，使地球上的氧气被吸收的一点也不剩，如果地球上没有了氧气，外星人不费吹灰之力就能一举消灭地球上的所有人。

我们应该先下手为强，利用地球上繁殖力最旺盛的植物——紫藤泽兰、水葫芦，我们先用隐形飞船将紫藤泽兰撒在水星的外星人基地外，再将水葫芦的种子撒在水星唯一的湖泊——"生命湖"里，再用"大气穿透镜"把太阳光反射到水星上，使这两种植物在阳光的照耀下茁壮成长。

攻打水星

一个小时以后，我们派去的水星探测船传来一个消息，A计划进展顺利，我们准备的种子都按原计划加速成长着。

水星探测船发回了很多现场图片，从这些图片上我们可以清晰地看到紫藤泽兰已经在外星人基地附近茁壮成长了。"生命湖"里已经长满了水葫芦，除此之外，资料上的数字显示出水星上空气中的氧气含量已经达到了10%，从应用高科技透视照相机拍摄的照片上还能看到外星人现在的反应，他们建造基地的工人是在 1000 米的高空作业，因为氧气基本上集中在 500 米以内的低空，所以他们没什么异常反应。可外星人用来防守基地的士兵看上去情绪非常低落、行动也非常迟缓、反应也明显迟钝了许多，看来他们是活不了多久了。不过外星人指挥人员好像没什么不良反应，可能是他们的抵抗能力比普通士兵强吧。

另外我还有一个重大发现，从几张照片的背景上可以看出，外星人正在给我种的植物喷洒药物，我估计一定是除草剂。看来，我们已经别无选择了，只能立即向水星上的外星人发起总攻了。

在我们的指挥下，所有正在待命的飞船都自动隐形，攻击状态也立即更改成自控状态。所有飞船都反馈回来了一个信息"现在已到水星上空，是否立即攻击"。我毫不犹豫地下达指令"进攻！攻击目标 111：403——外星人基地，出发！！"随即空间站里的监测屏上就出现了激烈的战斗场面。突然屏幕上出现了一个警告条"请立即下令攻击外星人首领的飞船，该飞船的速度非常快、反应非常灵敏，而且该飞船可以通过红外线探测到我方飞船的位置，已经造成我们的飞船损毁了 50 多架。"我一看情况不妙，赶紧下令让剩下的所有飞船立即撤回，以免造成更大的损失。并命令所有飞船在撤回前把随身携带的所有植物种子撒在水星上，之后将所有空间站的模式改为移动模式，将它们移动到水星四周，同时打开高辐射率的光能镜，因为这种光能镜如果同时运行，它们产生的光合作用的力量是太阳的 3 倍。这就是我的"B"计划。

显然外星人没有料到我会出这招，整个外星人基地立即乱作一团。根据可靠的资料显示，此时水星上的氧气含量已经达到了 50%，眼看外星人已经承受不住了。可我没想到，外星人的高层指挥人员居然用了三十六计中的最后一计"三十六计走为上计"。都逃到火星上去了。

我们继续追踪……

战无不胜

我们继续追踪，来到了火星上。从这里可以清楚地看到火星外星人的一举一动，只见从水星来的外星人正在向火星外星人诉苦。

黄博士突然说："对了，我们听听外星人在说什么。知己知彼就能找到对付外星人的对策了。""说的也是！"我想了想说。我随即让人抬来了一架"探音机"，叫一个机器小人穿上隐形披风把一个千里传音的小喇叭送到外星人的大本营里。不一会儿，"探音机"就发出了外星人生硬的语言："二哥，求求你了，请你帮我们报仇雪恨吧！以后我们会好好报答你的！"，"不行，你明明知道我们敌不过地球人，你去找其他人吧！""求求你了！"……最后，火星人答应了。

我们见时机已到，驾驶所有飞船飞入火星，还没等外星人反应过来，我们已经不费吹灰之力攻占了他们的飞船控制中心、飞船仓库和机器人控制中心。外星人眼看自己的飞船和机器人都被我方控制了，都逃到了总部。外星人首领气愤地对水星外星人说："是你害了我们，把他关到地牢里去。"说完就独自一人坐上时空转换器到了天王星，因为那时外星人的国王正在天王星陪自己的小儿子，外星人首领到了那里，哭着对国王说："请你给我一些飞船吧！"国王问明了情况后，就对他说："好！给你50架战舰。"外星人急忙驾驶战舰试图返回火星。

可他哪里知道，我已经把他的星球格式化了，还在上面神速地栽了无数棵树和花草。外星人首领一回来就被氧气弄得神志不清，我们轻而易举就抓住了他。我们带着他来到天王星，叫国王投降，可外星人国王一点也没有同情心。竟然把黄博士和俘虏的飞船击落了，俘虏当场死亡，黄博士被外星人活捉。李博士和我立即返回地球，准备好所有的武器，克服重重困难，把黄博士救了出来。接着，我们打败了剩下的所有星球上的外星人……

美丽和平的太阳系

我们打败了所有外星人，回到了地球。

地球防卫团知道了，请我们去做他们的指挥人员。我们谢绝了他们的好意。地球防卫团见我们不答应，就把我们打败外星人的事告诉了星际监测团，他们把我们请去，奖给了我们三枚荣誉勋章，还给了我们"宇宙外星人克星"这个称号。一天，一位神秘人士给我打了一个电话，告诉我，地球上的总人口太多，地球不够大了。人们要搬到其他星球上，把其他星球移到合适的位置这个重任就交给我们了。

这个任务对于我们来说没什么难处，我们马上坐上飞船，来到了火星。我拿出了三个随身携带的"酒瓶盖"，李博士看到了这个"酒瓶盖"，火冒三丈地说："你在干什么？我们是在做任务，不是在玩酒瓶盖。"我平静地说："我这个可不是普通的酒瓶盖，它能变成是它9亿亿倍那么大的推进器，只用三个就可以把一个星球推走。可现在唯一的缺点就是没有燃料。""没问题，我的'无底瓶'变出来的燃料是用不完的。"黄博士说。我们安好设备，点好燃料，只听"嗖"一声，火星就到了离地球很近的地方。我们又以同样的方法把土星和木星都移了过来。站在土星上，远远地看见一艘大飞船正开过来。原来人们在地球上看见了停靠在地球附近的木星、火星和土星，就坐着飞船赶来了。

从此以后，人们一直过着快乐的生活，太阳系也永远保持着它的美丽与和平……

星 姑 娘

从前有老两口，靠种土豆为生，以土豆充饥。他们的土地非常肥沃，种出的土豆比别人家的都大，只是离家太远，每到收获季节，总是有盗贼来偷，把大个儿的土豆全部挖走。老两口很生气。后来，等他们的独生子长大之后，才把他叫来：

"儿子，你长得年轻力壮的，去教训教训那些小偷，看他们还敢偷咱们的土豆！"

小伙子于是动身去看土豆。

第一天夜里，他眼都没敢合，看得清清楚楚的，没什么小偷。天快亮的时候，他不由得合上双眼，做了一个梦。小偷们趁他打盹的机会，又把土豆挖走了。

小伙子醒来，心里十分懊丧。他回到家里把倒霉的事告诉了他的父母。

"算了，"父母对他说，"下次当心就是了。"

小伙子回到地里的小窝棚，整整一夜都没合眼，直到天色大亮，也没离开过土豆地。只是好像在半夜的时候，稍微打了个盹，但立即就醒过来了，小偷好像也没来过，但满地都是土豆叶子。

他回家向父母抱怨说：

"我看了一整夜，眼睛只不过眯了眯，谁知又让小偷给偷了。"

父亲气得把儿子的屁股痛打了一顿，对他说：

"你胡思瞎想些啥了？难道你比小偷还笨吗？一定是到哪里跟姑娘厮混去了！"

第二天，又叫他去土豆地守夜。嘱咐他说：

"喏，这回该知道怎么守夜了吧？"

没法子，小伙子只好坐在土豆丛里，等小偷来光顾。

夜里，一轮明月挂在天际，照得四周一片光明，等了整整一宵，他死命地盯着四周……到了黎明时分，实在倦极了，不禁又闭上了双眼。他做了一个梦，梦见一群穿着银白色衣衫，长得花一样俏丽，披着金色秀发的姑娘，飘然飞落他家的地里，开始齐心协力地挖着土豆。哇，她们是一群从天而降的星星姑娘！

小伙子张开双眼，呆愣在那里看着她们。

"哎！"他感叹着，"多可爱的姑娘呵！该怎么才能把她们抓住呢？难道世界上会有如此美貌的小偷吗？"

他的心兴奋得都快跳出来了。他真想抓住哪怕是一个姑娘也好。

他猛地一跃而起，想去逮住这些美丽可爱的土豆贼；可是，一刹那间，她们都飞走了。如同闪耀的灯光那样，消失在夜空中。只有一个最年轻的星姑娘落在了小伙子的手里。

小伙子在带着星姑娘回家的途中，责备她说：

"卿本佳人奈何做贼，怎么能到我父亲的地里偷土豆呢？"

接着，他故意一本正经地说：

"现在，你被我捉到了，该怎么处罚你呢？"

姑娘吓坏了，可怜可爱的小脸蛋上挂满了泪珠，就像带露的小花一样，惹人喜欢，她娇啼着哀求着小伙子：

"把我放回天上去吧，我的姐姐一定会挨父母责骂的！我会把从你们地里偷走的一切都加倍还给你，别把我扣留在人间！"

小伙子眉头一皱计上心来，他紧紧地拉着小姑娘的手，笑嘻嘻地说：

"算了，就罚你做我的妻子吧！"

他打定主意不回家去了，他要和星姑娘住在土豆地旁的小窝棚里，星姑娘哪里肯依，只是谁叫她偷人家的东西，又被人家捉住了呢？更何况她又哪里敌得过一位英俊强壮的小伙子呢？

小伙子的父母等呀等，就是不见儿子回来。

"啊，"他们寻思着，"这个窝囊废臭小子一定又把小偷放走了，不敢露面。"

天黑，心慈手软的妈妈给儿子带了一些好吃的，顺便也去探看一下她的宝贝儿到底在搞什么玄虚。小伙子搂着他心爱的星姑娘正坐在窝棚里说着情话呢，看到妈妈走到地头，姑娘用修长的手指压着红艳艳的樱桃小口俯在小伙子耳边说：

"小心，千万别让你的父母看见我。"

小伙子便匆匆迎着母亲走过去，老远就大声喊道：

"别过来，就在那儿等着我。"

小伙子接过妈妈手里的食物，回到窝棚里递给星姑娘，又接着讲天上地下的稀奇古怪事去了。

妈妈回到家中，对她的老伴说：

"咱们的儿子好像抓了个女小偷。她漂亮得就像从天上掉下来的。他带着她住窝棚里，怕是已经结成了夫妻呢！所以，他不让我靠近他的窝棚。"

老两口合计着，这倒也不错，便没去打扰他们。

有一次，小伙子在心里盘算好了，该带他的妻子去拜见双亲了，他对她说：

"天黑之后，我们就回家去吧！"

星姑娘很认真的再次对小伙子说：

"我不能去见你的父母，怪羞人的！而且他们见了我，对我们也很不利。"

小伙想了想，折中了一下：

"丑媳妇总得见公婆嘛，见一面之后，我们另外住好了。"

夜里，他领着姑娘去见了自己的父母。星姑娘的花容月貌使得老两口打心眼里满意，不由得把她看得紧，把左邻右舍瞒得死死的。

时光飞逝，星姑娘和小伙子一起生活了很长的时间。她怀孕了，生了孩子，可孩子又不明不白的死了。

星姑娘原来的天衣被小伙子藏了起来，她只好穿着普通人的衣裳。

一次，小伙子到远处的地里去干活，星姑娘假装要出门散散步，谁知一出门就无影无踪了。她回到了天上。

小伙子回到家中，见妻子没了，心里十分难过。他边哭，边出门远去，满世界地寻找着他心爱的妻子。也不知走了多少路程，有一天，他在高高的悬崖边遇到了神鸟兀鹰。

"小伙子，什么事这般伤心呀？"兀鹰问。

他把自己的不幸告诉了它：

"神鸟，我心爱的妻子是位美丽无伦的星姑娘……我担心她已飞回了天上，不知道该如何才能见到她。"

兀鹰对他说：

"小伙子，别忧伤，你的情人星姑娘的确已经飞回天上去了。既然你这么痴情，我可以带你去找她。不过你得先替我找两头美洲驼来，也好让我填饱肚子，和做路上的干粮嘛！"

"好的，神鸟，"小伙子答道，"我这就去把美洲驼给弄来。"

他匆忙回到家里，一进门就对他的父母说：

"有人肯带我去找我的妻子啦，不过我得付给两头美洲驼的代价。"

老两口二话没说，给儿子备好了两只美洲驼。到了兀鹰那里，就只一会儿，兀鹰就把一整只的驼肉从骨架上剔了下来，吃进肚子里。另一只，则让小伙子帮他带着路上吃。

小伙子扛着驼肉来到了悬崖的顶端，兀鹰疾言厉色地对小伙子说：

"把眼睛闭紧，不许睁开，当我喊'肉'的时候，就扔一块肉到我嘴里。"

然后，兀鹰带着小伙子飞上了高空。

小伙子顺从地闭紧眼睛。兀鹰一喊肉，他就割下一块，扔到它嘴里。谁知飞到半路，驼肉已经吃光了。兀鹰曾经警告过他："记住，如果我喊肉的时候，你不把肉塞到我嘴里，我们就飞不高了，那就只好把你扔下去了。"

　　小伙子非常担心兀鹰会这么做，于是他就忍痛割下自己腿上的肉一块一块地喂给兀鹰吃，他为了妻子付出了如此巨大的代价也在所不惜。

　　兀鹰带着小伙子来到一处遥远的海滨，对他说：

　　"朋友，去海里洗个澡吧。"

　　小伙子跟着兀鹰来到海水里痛痛快快地洗了个澡。

　　他已经飞得太久了，早已蓬头垢面，胡须丛生，显得非常苍老了。等到出浴之后，才又变得容光焕发年轻了许多。这时候，兀鹰对小伙子说：

　　"海的对岸有一座宏伟的庙宇。今天是祭神日。你去吧，守候在门口。每到这些日子，所有的星姑娘都会飞聚到这里来，不过她们人数众多，而且相貌和你的妻子一模一样。当她们一个接一个从你身边走过时，切不可开口说话。你要找的姑娘排在最后，走过你的时候会推你一把。你要立刻拉住她，紧紧地把她抓在手里。"

　　祭神庆典开始了，小伙子站在庙宇的门口，看到相貌彼此一模一样的一长串姑娘从他面前走过，哪里分得清哪个是他心爱的妻子。这时候，从队伍的后面闪出一个姑娘，她用胳膊肘轻轻的推了一下他，然后走进庙里去了。

　　这是金碧辉煌的日月神庙——日月神就是所有星姑娘和天上众神的缔造者。每天众神都会到这里来向太阳神请安。轻盈美丽的星姑娘和天上诸神唱起了庄严的颂歌。

　　祭神仪式结束后，姑娘们又一个接一个鱼贯而出，和小伙子擦身而过，冷漠无情地凝视着他。可他还是认不出谁是他的妻子。这时，有一个姑娘又用胳膊肘推了他一下，然后拔腿就跑，这次，小伙子紧紧地捉住了她。

　　星姑娘领着他往家里走去，对他说：

　　"你干吗要飞到这儿来？我一定会回到你身边的。"

　　快要到家里，小伙子突然感到饿得直发晕。姑娘发觉了，给他一些米。

　　"给，看把你饿的！"她娇嗔地说，"拿去吃吧。"

　　小伙子瞅见她只掏出这么一丁点儿米，暗自思想："我已经整整一年未沾粒米了，怎么吃得饱呢？"

"过一会儿我就要到我父母那儿去了，"姑娘接下去又说："我不能带着你。你自己煮粥吃吧！"

等她走了，门一合上，小伙子忙跑到姑娘刚才取米的地方，装了满满一罐上好的大米。忽然间粥煮开了，沸腾起来，溢到陶罐外面。小伙已经吃得很饱，罐中的粥还是未见减少。心慌意乱的小伙子便把陶罐里的粥倒在了地上。谁知泼在地下的粥还在那儿咕嘟咕嘟地沸腾着，小伙子吓得手足无措，不知怎么办才好。恰在这时，星姑娘回来了。

"哎呀，"她不满地喊了起来，"怎么能这么煮粥呢？我给你的，就已经足够了。"

姑娘帮小伙子把泼在地上的继续打扫干净，免得父母来探视时会发现。然后姑娘对他说：

"我不敢让我的双亲见到你。我要把你藏好，我会常来看你，给你带吃的。"

就这样，他们偷偷摸摸的一起生活了整整一年。后来有一次，星姑娘有些不耐烦地对小伙子说：

"到时候了，你该离开这儿了。"说罢就消失得无影无踪了，再也没回来看过他。她把小伙子抛弃了。

他含泪回到了海边，兀鹰正在那里打着盘旋。小伙子向它飞奔过去。兀鹰停在他身边。他们彼此凝视着：兀鹰衰老了，小伙子呢，也已经变成了老头子，他们异口同声地说：

"老朋友，日子过得还好吗？"

小伙子把他在星姑娘那里的遭遇向兀鹰一五一十地说了，他非常伤感地说：

"我的妻子抛弃了我，一去无踪了。"

小伙子的不幸深深地触动了兀鹰，使它十分悲伤。

"可怜的朋友"，兀鹰说，"这是命中注定的缘分！"于是用翅膀柔情地抚慰他。

这时候，小伙子央求兀鹰：

"神鸟，把我带回人间吧，我要回到父母的身边去。"

"好吧，"兀鹰答应了他，"那么，我们先洗个澡吧。"

等他们从海中出浴的时候，又变得青春年少了。

兀鹰对小伙子说：

"我带你回人间，不过你还得给我两只美洲驼作为酬谢。"

"神书，"小伙子回答说，"只要你把我带回我父母的家，我一定会重重酬答你的。"

兀鹰背着小伙子又整整飞了一年，才回到人间，小伙子如约交给兀鹰两只美洲驼，便径自己家去了。

迈入家门，看到年迈的双亲，抱头痛哭了一场。

这时，兀鹰对他们说：

"我把你们的儿子送回来了，你们要好好关爱他呀！"

小伙子接着说：

"我的妻留在了天上，我不会再爱别的女人了。我要和父母们生活在一起，直到我死。"

老人回答说：

"好儿子，别伤心，有我们陪着你呢。"

从此之后，小伙子一直和他的父母生活在一起，只是，他的心早已破碎了，常常望着夜空独自一个人发呆。

布克的奇遇

整个故事，是从布克——我们邻居老李的一只狼狗——神秘的失踪，然后又安然无恙地回来开始的。

不过，问题并不是在布克的失踪和突然出现上，问题是在这里：有两位住在延河路的大学生，曾亲眼看见布克被汽车压死了，而现在，隔了三个多月，布克居然又活着回来了！

被汽车压死了的狗怎么会活转来的呢？……嗯，还是让我从头说起吧！

布克原是一只转了好几个主人的纯种狼狗。它最后被送到马戏团里去的时候，早已过了适合训练的年龄。马戏团的驯兽员拒绝再训练它，因为它在几个主人的手里转来转去的时候，已经养成了许多难改的坏习惯。

我们的邻居老李，就是那个马戏团里的小丑。他不但是个出色的喜剧演员，也是一个心地善良的老人。他听说马戏团决定把布克送走，就提出了一个要求：给他一年时间，他或许能把布克教好。

这样，布克才成了我们四号院子——这个亲密大家庭中的一分子。实际上，这是一只非常聪明伶俐的狼狗。在老演员细心的训练之下，布克很快地就改变了它的习惯，学会了许多复杂的节目。一年快结束的时候，马戏团里除掉那个固执的驯兽员之外，都认为不久就可以让布克正式演出了。

然而，正当布克要登台演出的前夕，不

幸的事件发生了。4月3号那天晚上，布克没有回家。大家等了整整三天，依旧不见它的影子。

三天下来，老演员明显地消瘦了。我们院子里的人都知道这是为什么。说真的，我们还从来没见过哪一个人能像老李这样爱护这只狗的。

礼拜天一到，我就发动了院子里所有的人，到处去寻找布克。我这样做，不只是为了老演员一个人，有一大半，也是为了我那个可爱的小女儿小惠。小惠自从五岁那一年把腿跌断了，就一直躺在床上。我上工厂去的时候，虽然有不少阿姨和小朋友来照顾她，可是失去了一条腿的孩子，生活总是比较单调的。自从老演员搬到我们四号院来以后，情形就好了不少。老演员、布克和小惠立刻成了好朋友。有了布克，小惠的生活也变得愉快得多了，甚至还胖了起来。可是现在……为了不叫老演员更加伤心，我简直不敢告诉他：小惠为了布克，已经悄悄地哭了好几次了。

那天，正好送牛奶的老王和邮递员小朱都休息。大家分头跑了一个上午，还是小朱神通广大，他打听到：在3号那天，就在延河路的西头，有一只狼狗被汽车压死了。这只狼狗正是布克。据两个大学生说：他们亲眼看见一部载着水泥的十轮大卡车，在布克身上横着压了过去。布克当场就死去了。这件事发生的时候，他们正好在旁边。不过，当他们给公安局打完电话回来后，布克的尸体却失踪了！

看来悲剧是已成事实。然而，布克尸体的神秘的失踪，却使这个心地善良的老演员产生了一线希望：也许，布克并没有死，有一天，它也许还会回来的吧！

真假布克

事情的确并没有就此结束。隔了三个多月，有一天，我下班回家，刚走到家门口，就听见了小惠和老演员的笑声。在这笑声中，还夹着一声声快活的狗吠。

"老李一定又弄到一只狗了。"我这样想着。可是一走进屋里，我简直不敢相信自己的眼睛了：这竟然是布克！

"你瞧！你瞧！"老演员一见我就嚷开了，"我说一定是哪位好心人把布克救活了。你瞧，现在它可回来了。"

布克还认得我，看见我就亲热地走过来，向我摇着尾巴。

老演员的一切训练，它也还记得；而且，连小惠教给它的一些小把戏，也没有忘记。当场它还为我们表演了几套。

布克的归来，的确成了我们四号院子这个大家庭的一件大喜事。那天晚上，大家都来向老演员和小惠道贺。可是到了第二天，我发觉这里面有些不对头的地方。我突然觉得，布克多少是和从前有些两样了。起先我只是模模糊糊地觉得这样，可是仔细地想了一下后，我就发现原来是布克的毛色和从前不同了。我的记忆力一向很好，我记得布克的毛原是棕黑色的，现在除了脑袋还和从前一样，身上的毛色却比从前浅了一些。我把布克拉到跟前一看，发现它的颈根有一圈不太容易看出来的疤痕，疤痕的两边毛色截然不同。两个大学生曾经一口咬定说：布克的身体是被卡车压坏了。我一想起他们的话，不由得产生了一个叫我自己也不敢相信的念头：布克的身体一定不是原来的了！

我是一个有科学知识的人，从来就不迷信。但是眼前的事实，却只有《聊斋》上才有！

我越是注意观察布克，就越相信我的结论是正确的。不过，我还不敢把这个奇怪的念头向老李他们讲出来。直到布克回来的第三天早晨，这件事情也终于被老演员发觉了。

这是一个天气美好的星期天。我把小惠抱到院子里看老演员替布克洗澡。我站在窗子跟前，正打着主意，是不是要把我的发现向老李讲出来。忽然，老演员慌慌张张地朝我跑来。他像被什么吓着了似的，上气不接下气地对我喊道："这不是布克！啊，这不是布克！""瞎说！"我故意这样答道。"不不不，我绝对不会弄错！"老演员还是非常激动，"布克的肚子下面有一块白色的毛；它的爪子也不是这样的！我记得，它的左前爪有两个脚趾是没有指甲的。可是现在，你瞧，白色的毛不见了，指甲也有了，身上的毛色也变浅了！"

布克的第一次演出

我和老李都没有把这件事向大家讲出来。因为讲出来，谁也不会相信我们的，只会引起别人对我们的嘲笑。

布克演出的一天终于来到了。四号院子里的人，能去马戏场的都去了。但是在所有的人当中，恐怕不会再有比老演员、小惠和我更加激动的了。临到上台之前，老演员忽然把我叫到后台去。他的脸色很难看。老演员指着布克对我说："你看看，布克怎样了？"

布克的精神看起来的确不大好。它好像突然害了什么病似的。然而那天布克的演出，还是尽了职的。这是老演员精心排练的一个节目：他突然变成了一个宇宙航行家，带着一只狗去月球航行，结果由于月球上重力比地球上小得多，闹了不少笑话。观众们非常喜欢这个新颖的节目。老演员和布克出来谢了好几次幕。布克演出的成功，使老演员非常激动。在最后一次谢幕的时候，他忽然一下子跨过绳圈，把小惠也抱到池子中心去了。在观众的惊奇和欢呼声之下，小惠叫布克表演了几套她教它的小把戏。

布克立刻成了一个受人欢迎的演员。可是，到了演出的第三天，突然又发生了一件新的事故：布克的左后腿突然跛了，演出只好停止。第二天，事情又有了新的发展。

那是星期六的下午。我和老演员把小惠抱到对面公园的大树下，让布克陪着她玩，然后各自去上班了。没想到我从工厂回来，却看见小惠一个人坐在那儿抽抽噎噎地哭；原来我们走后不久，就来了一个陌生人。他好像认得布克似的，问了小惠许多问题。最后他对小惠说，这只狗是从他们实验室里跑出来的。他终于说服了小惠，留下了一张条子，把布克带走了。可是布克一走，小惠又后悔起来，急得哭了。

我打开那张便条的时候，老演员正好从马戏团里回来。那张便条这样写道：

同志，我决定把这只狼狗牵走了。从您的孩子的口中听来，我觉得其中一定有许多误会。由于这只狼狗跟一个重要的试验有关，所以我不能等您回来当面解释，就把它带走了。如果您有空的话，希望您能到延河东路，第一医学院附属研究所第七实验室来面谈一次。

一听到实验室和医院这几个字，老演员、小惠都急坏了。

"爸爸！布克病了吗？爸爸！布克病了吗？"小惠抓住我的手，着急地问。老演员呢，只是喃喃地说：

"啊，可怜的布克！我们这就去！我们这就去！"

没有身体的狗头

在第七实验室里将会遇到些什么，我们原是没有一点儿准备的。现在回忆起来固然好笑，可是在当时，我们真为布克担了许多心。

研究所比我们想象的要大得多，这差不多是一幢大厦了。我们在主任办公室等了半个多钟头，秘书告诉我们说主任正在动手术，老李等不及了，拉着我要上手术室去找他。我们刚走出房门，就发觉我们是走错了路，走到一间实验室里来了。我正想退出去，老演员忽然惊呼了一声。随着他的指点，实验室里的一些景象，也不由地把我钉在地板上了。

在这间明亮而宽敞的实验室的四周，放着一只只大小不同的仪器似的大铁柜。铁柜上部都镶着玻璃，里面亮着淡蓝色的灯光。透过玻璃，我们看到里面有一些没有身体的猴头和狗头，在向我们龇牙咧嘴地做着怪脸。有一只大耳朵的猎狗的狗头，当我们走近的时候，甚至还向我们吠叫起来，可是没有声音。

这些惊人的景象，叫我记起了一年多以前在报纸上登载过的一则轰动一时的消息：苏州的一些医学工作者进行了一些大胆的试验，他们使一些切掉了身躯的狗头复活了。他们还把切下来的狗头和另一只狗的身体接了起来，并且让这些拼凑起来的狗活了一段时间。他们还进行了另外一些大胆的试验：调换了狗的心、肝、肺、肾脏、腿或者别的一些组织和器官。以后，我在一次科学知识普及报告会上，进一步地了解了这件工作的意义。原来医学工作者做这一系列试验，是为了解决医疗上的一个重大的问题：给人体进行"器官移植"。因为一个人常常因为身体上的某一个器官损坏而死亡。如果能把这个损坏的器官取下来，换上一个健全的，那么本来注定要死亡的人，就可以继续活下去，就可以继续为社会主义建设事业贡献出更多的力量。显然，这些试验如果能够获得成功，不但能挽救千千万万病人的生命，而且也能普遍地延长人类的寿命。

生 与 死 的 搏 斗

我们终于在手术室的门口，找到了第七实验室的主任——姚良教授。他是一个胖胖的，个子不高而精力充沛的中年人。用不着几分钟，我们就弄清楚了许多原先不清楚的事情。正和我们所猜测的一样，第七实验室在进行着器官移植的研究工作。布克那天的确是被卡车压死了。那天，实验室的工作人员被派到郊区去抢救一个心脏受了伤的病人。他们的出诊车在回来的路上，正巧碰上了这个事故。他们从时间来推测，布克的心脏虽然已经停止跳动，血液已经停止循环，可是它的大脑还没有真正死亡。只要把一种特别的营养液——一种人造血——重新输进大脑，那么，布克还可能活过来。

出诊车上正好带着一套"人工心肺机"。实验室的工作人员毫不迟疑地把布克抬到车上。他们知道：在这种情况下进行紧急抢救，比在研究所里作试验的意义还重大得多。因为在大城市里，许多车祸引起的死亡，就是由于伤员在送到医院去的途中，耽搁的时间过长了。

工作人员估计得一点不错：布克接上了人工心肺机才五分钟，就醒了过来。然而，布克的内脏损伤得太厉害，肝脏、脾脏和心肺，几乎全压烂了。这些器官已经无法修复，当然也不可能全部把它们一一调换下来。最后，专家们就决定进行唯一可以使布克复活的手术，把布克的整个身体都换掉……

"可是，"听了姚主任的解释，我突然记起了去年在那次报告会上听来的一个问题。

我说："姚主任，器官移植不是一直受着什么……什么'异性蛋白质'这个问题的阻碍吗？难道现在已经解决了？"

"对，问得对。"姚主任一面用诧异的眼光打量我，一面回答说，"是的，在几个月以前，器官移植还一直是医学界的一个理想。以前，这只狗的器官移植到另一只狗身上，或者这个人的器官移植到另一个人身上，都不能持久。不到几个星期，移植上去的器官就会萎缩，或者脱落下来。这并不是我们外科医生的手术不高明，也不是设备条件不好，而是由于各个动物的组织成分的差异而造成的。这种差异，主要表现在蛋白质的差异上。谁都知道，蛋白质是动物身体组织的主要成分。科学家早就发现，动物身体组织中的蛋白质，总是和移植到身上来的器官中的蛋白质相对抗的，它们总是要消灭'外来者'，或者溶解它们。所以在以前，只有同卵双胞胎的器官才能互相移植。因为双胞胎的蛋白质的成分是最相近的……"

"这么说来，那布克呢？它也活不长了？"一听姚主任这样解释，老演员立刻着急起来。

"不，"姚主任笑了笑，"我说的还是去年的情况。你们也许还不知道，现在，全世界的科学家都在寻找消灭这种对抗的方法。五个月前，我们实验室已经初步完成了这个工作。我们采用了这样几种方法：在手术前，用一种特殊的药品，用放射性元素的射线，或者用深度的冷冻来处理移植用的器官和动手术的对象。当然，一般说来，我们这几种方法是联合使用的。布克在进行手术之前，也进行过这种处理……"

"啊！"我和老演员心里放下了一块石头，"这么说，布克能活下去了？"

"不，不，"一提到这个问题，姚主任脸上立刻蒙上了一层阴影，"你们别激动，布克，你们总知道，我们对它的关心也决不下于你们。在这种情形下救活的狗，对我们实验室，对医疗科学，有特别重大的意义。它的复活能向大家证明，器官移植也能应用到急救的领域里去。可是说真的，当时我们并不知道这只狗是有主人的。唉，这真是一只聪明的狼狗，它居然能从我们这儿逃出去！可是这一段时间的生活，显然对它是不利的。要知道，我们进行了手术以后，治疗并不是就此停止了；我们要给它进行药物和放射性治疗，这是为了使蛋白质继续保持一种'麻痹'的状态。另外，我们还要给它进行睡眠治疗。这你们是知道的，根据巴甫洛夫的学说，大脑深度的抑制，可以使机体的过敏性减低……"

"那布克……布克又怎样了呢？"我和老演员不约而同地喊了起来。

"是的，布克的情形很不好。它的左后腿就是由于这个原因才跛的。那儿的神经显然已经受到了影响。如果不是我们的工作人员偶然碰到了它，这种情形恐怕还要发展下去。我很奇怪，为什么你们没有见到我们寻找失狗的广告。布克一逃走，我们的广告第二天就在报纸上登出来了……"

姚主任忽然打住了。他犹豫了一下，突然站了起来，说："请跟我来吧。我带你们去看看布克。不过，请你们千万别引起它的注意和激动。"

这个时候，我们的心情是可想而知的了。我觉得仿佛是去看一个我们自己的生了病的孩子，更不用说那个善良的老演员有多么激动了。

我们在实验室楼下的一间房间里，看到了真正的奇迹：一只黄头黑身的狼狗；一只棕黑色的猎犬，却长着两条白色的后腿；至于那只被换了头的猴子，如果不是姚主任把它颈子上的疤痕指给我们看，我们是绝对看不出来的。这些经过了各种移植手术的动物，都生气勃勃地活着。这些科学上的奇迹，是为了向世界医学工作者代表大会献礼而准备着的。在我们看到的时候，对外界来说，还是一个小小的秘密。

在楼下的另一个房间里，我们终于看到了我们那个非常不幸，也可以说是非常幸运的布克。不过，这时它已经睡着了，是在一种电流的催眠之下睡着的。它把它的脑袋搁在自己的——也可以说是另一只狗的——爪子上，深深地睡着了。几十只电表和一些现代化的仪器，指示着布克现在的生理情况。几个穿着白大褂的年轻的医学工作者，正在细心地观察它，服侍它，帮助它进行这一场生与死的搏斗。

姚良教授显然也被我们对布克的感情感动了。这个冷静的科学家，突然挽起了我们两人的胳臂，热情地说：

"相信科学吧！我们一定能叫它活下去！"

那天从研究所回家后，我好久好久都在想着一个问题。第二天早晨，我一打开房门，就看见老演员也站在门口等着我。我们用不着交谈，就知道大家要说些什么了。

"走，我们应当马上就去找姚主任！"老演员说道。

聪明的读者一定知道，我们这次再去找姚主任是为了什么。是的，这一次，是为了我们的另一个孩子——小惠——去找这位出色的科学家的。

布克的正式演出

在报上读过"世界医学工作者代表大会"的报道和有关我们的新闻的人，当然用不着再读我的这最后的几句话了。但是，我那喜悦的心情，使我不得不再在这儿说上几句。

在"世医大会"上，各国的医学家们都肯定了姚良教授和他的同事们的功绩。大会一致认为：姚良教授的试验证明，器官移植术已经可以实际应用了。换句话说，已经可以应用到人的身上来了。

正如你们所知道的一样，第一个进行这种手术的，是我那可爱的小女儿——小惠。你们一定已经看出，我是很爱小惠的。第一个进行这种手术当然有很大的危险。但是科学有时候也需要牺牲，任何新的事物，总要有第一个人去尝试。我可以这样说，如果科学事业需要我的话，我一定会挺身而出的，更不要说是这种能使千百万人重新获得生命和幸福的重大试验了。

小惠的手术是在 9 月里进行的。离开大会只有五个多月。

这种大跃进的作风和魄力，使国外许多有名望的医学家都感到惊讶。六个月以后，小惠已经可以下地走路了。被移植到小惠身上的那条腿，肤色虽然有些不同，用起来却和她自己的完全一样。

第二个进行这种手术的是著名的共产主义劳动英雄、钢铁工人陈崇。在一次偶然事故中，他为了抢救厂里的设备，一只手整个儿被烧坏了。劳动英雄陈崇的手术进行得也很顺利。以后，心脏的调换、肾脏的调换，都在第一医学院里获得了成功。姚良教授的方法，同时迅速地推广到别的城市和国外去了。

至于布克，我想也用不着我在这儿多介绍了。自从报纸上介绍了它的奇遇以后，它已经成了一个红得发紫的演员了。为了满足许多人的好奇心，布克终于被允许在马戏团里演出。它的后腿还微微地有些儿跛，可是它那出色的表演却弥补了这个不算太大的缺陷。

我还记得布克重新登台那天的盛况。姚良教授和我们四号院子里的朋友当然都去了。布克的节目是那天的压台戏。当表演完毕，在谢幕的时候，知道这事件始末的观众突然高声地喊了起来：

"我们要小惠！我们要姚良教授！"

"我们要小惠！我们要姚良教授！"

戴着尖帽子，穿着小丑服的老演员，激动得那样厉害。他突然从池子那头，一个跟头翻到我们的座位的跟前。他非常滑稽地，但是又非常严肃地向我们做了一个邀请的姿势。在观众的欢呼声中，小惠拉着姚主任的手，就像燕子似的飞到池子中间去了。

看到小惠能这样灵活地走动，不由得叫我记起了她第一次被老演员抱到池子里去的情景。我不觉激动得眼睛也被泪水模糊了。当然，你们一定知道，这并不是悲伤，这是真正的喜悦！为科学，为我们人类的智慧而感到的喜悦！

外星魂附体的人们

武夫从换气口慢慢地把身体往下垂，然后跳落在地下室的走廊上。

啊！终于成功啦！他逃出来了。

今天下午，轮到武夫值日，小西老师要他把坏了的椅子搬到地下室仓库去。当武夫来到仓库，把椅子堆放好，正准备出去时，门，"哐"地关上了。任凭他怎样用力敲打，都没有人来给他开门，他只能从换气口爬出来。

究竟是谁这么恶作剧呢？武夫猜想可能是藤田。上午，数学测验，藤田想偷看武夫的试卷，武夫没让他看，他一定怀恨在心。当小西老师交代武夫把多余的椅子搬到仓库里去时，藤田是在旁边听着的，他当然知道武夫在仓库里。

明天一定要好好教训教训他。武夫恨恨地想。现在，他可得快点回家，妈妈正等着他吃晚饭呢。

武夫到教室里拿了书包，急急忙忙往家里走。从学校出来，穿过商业街，这是武夫回家最近的路。

今天，街上的气氛好像很特别，人们都用冷漠无情的眼光瞥了一眼武夫，就匆匆走了，连住在自己家对面的阿婆看到浑身上下都是灰土、脚上的伤口还渗着血的武夫也不打招呼。

好不容易走到家了，武夫松了一口气，打开门，大声叫道："我回来了！"

妈妈和弟弟茂夫闻声走出来，可他们都不认武夫了。茂夫坚持说，他家只有他一个儿子。爸爸回来了，看到家里闯来一个脏孩子，不由分说就把他赶出来了。

武夫"哇哇"大哭起来，他像发疯一样，在路上跑着。

人世间竟有这样的事情，自己家进不去，亲生父母不认识儿子，究竟是什么事让大家都神经错乱了呢？

武夫绕着自己家团团转，看到家人团团坐在餐桌边，热热乎乎地吃着火锅。这么温暖的家不再是自己的了？武夫的空肚子咕咕直叫，他感到身上很冷。他走到街角的垃圾堆，捡出一捆旧报纸，钻进工地的水泥管中。在地上铺好报纸，又在身上盖了几张报纸，武夫这才明白，报纸原来也是可以避寒取暖的呀。

饥寒交迫的武夫眼角噙着泪珠，今天发生的一切，他怎么也不明白。明天，明天一定要把这一切弄清楚。

天还没亮，武夫就被冻醒了。他决定要去派出所查一下户口簿，那上面一定会有他武夫的名字的。然后再去找爸爸、妈妈说理。

不过，总不能这样脏兮兮地去派出所，他会被当成小叫花子赶出来的。武夫来到工地的洗手处，掏出手帕，把脚上的伤口，以及被灰尘弄脏的地方，都仔细地擦了一遍。肚子照样是空空的。武夫擦干净了身子后，又"咕咚咕咚"喝了几大口自来水，骗骗肚子，然后，提起精神走到马路上。

朝霞已经染红了天空，武夫抬起头，只觉得眼前一片漆黑，双腿一软，差一点摔倒在地上，幸好边上有个人扶住了他。武夫睁开眼睛一看，是一个素不相识的中年男子，他打量着武夫，问："你怎么了，孩子？"

武夫说："噢，没事。"

那人又问："那你能告诉我，去天文学研究所怎么走吗？"

天文学研究所，是一个规模很大的研究所，武夫的爸爸就在那儿工作，武夫常去玩。于是，他很有礼貌地向中年男子说了去天文学研究所的路。那人道了谢，就走了。

武夫转身向派出所走去。迈进派出所，他笔直走到户籍科的柜台前，向办事员要了自己街区的居民户口册，急急地翻了起来。

"找到了！"武夫兴奋地叫了起来，他看到了户口册上有自己的名字和出生年月。

武夫把户口册递给办事员，自己转身就跑，他要赶快回家把这个消息告诉妈妈，他们弄错了，户口册上有他的。

家门虚掩着，武夫推门进去。妈妈不在客厅，厨房传来"哗哗"的水声，他连忙走到厨房，看到妈妈背对着大门，正在洗菜。

也许是听到脚步声，妈妈转过身来。

"啊……"

妈妈的这张脸太可怕了。下巴长长的，耷拉在胸前，眼睛睁得圆圆的，通红的舌头，松弛无力地垂着，更可怕的是，脸部全是绿颜色的，还闪动着荧荧绿光。

武夫拔腿就跑，后面的脚步声紧紧跟了上来。武夫越跑越快，幸好他是学校的长跑冠军，这才甩掉了背后的怪物。

妈妈怎么会变成怪物的呢？武夫不明白，看来，只能去找爸爸了。他边想边往天文学研究所走去，可没走几步，就远远地看到刚才问路的那个中年男子向这边走来。

那人对武夫说，他沿着这条路走到尽头，也没看见天文学研究所，只有光秃秃的一片荒野。武夫更糊涂了，天文学研究所分明是在这条街上的呀！

"看来，我还是去问问警察吧。"那人自言自语道。武夫跟在他后面进了警察局，他也想搞个水落石出。

警察正伏在桌上午睡，中年男子上前推推警察的肩膀，警察盖在脸上的帽子落到地上，露出一张绿油油的脸。那中年男子乘警察睡眼惺忪的时候，拉起武夫拼命跑。

他们逃到一个角落里，靠在墙上大口大口喘着气。

过了一会儿，那男子告诉武夫，他是临近街区的一所大学里的天文学教授，叫白川。昨天傍晚——也就是武夫被关进仓库的那段时间，他无意中看到这个街区的上空，闪过银色的光瓦，一只像 UFO 一样的飞行物在这一带漂浮着。所以，他今天来到这个街区想了解一下具体情况。现在看来，外星人的灵魂吸附在人们的身上，把这个街区控制住了。

"不行，我们得赶忙向日本政府汇报，否则日本危险！"

白川又跑开了，武夫紧紧跟在他后面，只要跑出这个街区，就没有危险了。

街口有家食品店，白川教授给自己和武夫买了午饭，武夫狼吞虎咽地吃了下去。刚吃完饭，就看见远处有一群警察朝他们奔来，白川教授拉起武夫飞快地朝邻近的街区逃去。后面追赶的人越来越多，白川和武夫跑得上气不接下气。

"武夫，坚持住，还有 1 公里。"白川鼓励武夫。

可是，前面出现了一个哨卡，白川和武夫被抓住了。警察把他们押到飞船上，关进一间空屋子。墙上出现了一个鬼影，他说："地球上的人，知道我们事的只有你们两个，所以我们要把你俩押回我们的安奏星。"

难道我们就这样完了吗？难道我们就听凭外星人入侵地球？

白川教授和武夫决定破坏飞船的控制系统。因为白川教授发现外星人刚才说话时，长长的影子投射到房间里，这说明这屋里的四堵墙都是幻影造成的"心壁"，是无法真正阻挡他们的。

白川和武夫决定乘外星人不备，孤注一掷，试一试。他们手拉手朝墙上撞去。果然没什么障碍！

白川教授先破坏了电脑控制器，这样可以使附在人们身上的外星魂不起作用，然后他又操起一根金属棒挥舞起来，一个个仪表被砸坏了，飞船打起转来。武夫则在飞船底部挖了一个洞，然后往燃料库里投入一根火柴，自己和白川教授纵身一跃，从洞底跳离了飞船。

"轰"，一股浓烟滚滚而起，飞船被炸毁了。

武夫清醒过来时，发现躺在妈妈怀里，爸爸、弟弟、对门的阿婆、老师、同学都围在他身边，他们的脸又变得像过去一样慈祥、亲切了。

巧夺天工的机器人

2800多年前，我国有一位能工巧匠名叫偃师，他制作的机器人能模仿人做各种精彩表演。令当时的西周国王看得眼花缭乱，真假难分。

那一年，周穆王带着王后盛姬和一大批随从大臣越过昆仑山，到西方各国视察当地的风土民情。在回国的途中，有人向穆王献上一名巧匠，名叫偃师，说他技艺超群，定能博得圣上的喜欢。

穆王问偃师："你有什么本领？"

偃师回答说："大王您喜欢什么，请下命令，我都可以试试。不过，我已做好一样东西，假如大王有兴趣的话，不妨先瞧瞧。"

穆王见他说话的口气不小，有点半信半疑，随口说："好吧，改天把你那玩意儿带来让我看一看。"

第二天偃师把他新做好的机器人带进王宫，去拜见穆王。得到穆王的准许后，偃师带着机器人，双双来到穆王面前，恭恭敬敬地行了个大礼。

穆王指着机器人问："他是什么人？"

偃师说："这就是我造的机器人。它能歌善舞，给大王请安来了。"

穆王听了一惊，两眼盯着机器人。上上下下打量了一番，见它说话、走路、作揖，一切都和真人一样。它难道真是人工制造出来的吗？莫非是偃师在骗自己？

为了消除心头的疑惑，穆王命令机器人走近自己的身边，随手抚摸一下它的脸颊。机器人的脸色绯红，忽然唱起了婉转动听的歌儿。歌声时而低沉，时而激扬，机器人的面部表情也随着歌曲的变化而不同，引得在场的听众眉飞色舞，齐声喝彩。

穆王听了也很高兴，拉住机器人的手表示赞赏。这一下，机器人更来劲了。它撩起双袖，踏着音乐的节拍，跳起舞来。王后盛姬看了，连连含笑点头；众宫女和大臣们也都看得入了迷。

歌舞表演即将结束时，机器人对着宫女们做了一个飞吻的动作，逗得全场一片欢笑声。谁知穆王看到后却大发脾气，喝令将偃师抓起来，斩首示众。穆王大声喝道："偃师，你好大胆！竟敢欺骗我，把无耻小丑带进王宫，勾引宫女，真是罪该万死！"

偃师见穆王对机器人产生怀疑，就请求解开绳索，当着众人的面，把机器人一片片地拆卸开来。原来这个能歌善舞的机器人，不过是用皮革、木料、胶漆，以及一些各色颜料拼合成的。把它重新装起来，又是一个完好的机器人。从外表看，这机器人有筋骨，有肢节，有毛发、皮肤；从体内看，有肝、胆、心、肺、脾、肾、肠、胃。这一切虽然是人工制造的，但和真人却没有两样。

穆王目睹了这一切，才相信这的确是偃师造出的机器人。更让人信服的是：摘去它的心，它就不会开口说话；摘下它的肝，它就无法看见东西；摘去它的肾，它就不能走路。穆王感叹地说："真是巧夺天工！有了你这样的奇才，我们的国家怎能不兴旺发达呢？"

双曲线体

1925 年春天，苏联列宁格勒郊区的一座破屋子里，刑事侦探部的薛尔盖发现了一具被人谋杀的男尸。这屋子的地下室里还发现不少厚厚实实的木板块和铁板块。这些木板和铁板都是被人用什么东西轻而易举地剖开的。它们不是用锯或刀割的，而是被什么烧断的。令人不可思议的是其中有一块厚达 8 厘米的坚硬的楮木块，竟被人不知用什么方法烧了个透穿，烧的是"加林"两个字。后来查明，加林是一个工程师，现不知去向；而被杀者系加林的替身。

再往下查才得知，加林工程师不知发明了一件什么厉害的武器，为国外所知，于是有人潜入苏联来夺这器械，但是错杀了人，器械似乎也没被夺去。眼下，加林上法国巴黎去了。这，岂不是自投罗网？

原来，加林所发明的这件器械，名叫"双曲线体"。加林是利用炭素角锥的燃烧，将它们的光线集中起来，就可以射出一束无坚不摧的光线来。可是，他不会制造炭素角锥，他上巴黎去就是找他的朋友帮忙去了。

当时，美国亿万富翁罗林格，带了他的情人，白俄出身的大美人佐雅也在巴黎。罗林格看中了加林的双曲线体，就派杀手去抢夺杀人，但是无功而返。于是佐雅就偷偷派了亡命之徒鸭鼻子伽斯东第二次去杀人抢夺。

这天，罗林格在巴黎的办公室里，突然来了一个 30 挂零的男子。他身材不太高大，但气宇昂藏，神情潇洒，目光炯炯，凛然有威，显出一股英悍之气。

他一走进秘书室，就简单地说："请去通报一下罗林格先生，本人受他所深知的加林工程师之托，有事要与他本人商谈。"秘书一听说是加林派来的，忙狗颠屁股着进屋去了。大约过了 1 分钟，这人被带了进去。罗林格是个体重近 100 公斤的大胖子，他连眼睛也不屑一抬地说："如果谈的是金钱问题，对不起，这是秘书处理的。不过，你既然来了，我就给你 3 分钟，莫非加林工程师有什么新消息不成？"这人道："加林工程师很想知道罗林格先生对他所发明的器械的评价。"罗林格说："听说好像多少对工业有点用处吧。"这人激昂地反驳道："错了，该器械不是用于工业，而是用于破坏的。当然如果用于开矿或切割业，它也能取得极大的成功。只是加林工程师却另有打算。"罗林格问："想用于政治？""用于政治这是大材小用了。他想的是创立一个理想的社会制度。""好大的口气！这社会建立在哪里？""随便哪里，世界五大洲的任何一洲都可以。""是吗？挺好玩的。"罗林格说了这句话后就闭上了嘴。那人道："加林工程师不是一个共产主义者，这点，您尽可放心。不过，他也不站在您资本主义这一面。加林工程师了解到您有巨大的财产和宏大的愿望，而他则发明了一件无坚不摧的器械，他向您提议缔结同盟。您意下如何？"罗林格轻蔑地说："您，要不就是他，该没发疯吧？我可以给加林工程师 5 万法郎，买下他的专利权。"这人笑笑道："用武力和歪门邪道来取得它，不是更便宜吗？"罗林格放下手中的笔，说："不用讨价还价了。我出 10 万，如何？""在列宁格勒不是已经杀过一个了吗？现在再杀一个好了。这办法又简单又省钱。"罗林格站了起来，怒喝道："够了，加林的戏是演完了。我不会出一个铜钿去买他的专利权的，他已是我的瓮中之鳖。你，滚出去！"这时候，这人也站了起来，低下头站到桌子边上，现出很委屈的神情，说："那么好吧，罗林格先生，10 万就 10 万吧，我同意……"罗林格气势汹汹地说："不，现在，要我出一个铜钿，我也不要了。滚出去！"这人痛苦地将手指插在领带圈里，眼睛在骨碌碌地转动。他跟跟跄跄地像把不住脚，身子向桌面歪去，神不知鬼不觉地一抓抓到了桌上的一张小纸片。罗林格只道他想冒犯他，赶忙揪响电铃叫人。但就在秘书冲进屋子的那一眨眼间，那人向罗林格行了个礼，一窜窜出了屋子，钻进了汽车，一溜烟走了。这张纸片上写的是加林在巴黎的住址，是罗林格亲笔写的。他原打算叫人去暗杀他，地址是他的手下打听到的。当然，这个冒充加林代理人的人，正是加林本人。

当天夜里，当佐雅得知罗林格桌上的字条已被加林抢走的消息后，她大吃一惊。因为这时伽斯东已出发去暗杀加林，不论杀不杀死他，万一这张罗林格亲笔写的纸片落到了警察局之手，罗林格就会给毁了。下令杀人是她私下里出的主意，罗林格还不知道。思索再三，她决定亲自到加林那里去一趟，能阻止不杀人最好；万一已经杀了，她也该千方百计取回这张纸片——物证来。

深夜两点，佐雅离开了旅馆，摸进了加林的住处。可是已经迟了，地板上放着一只打开了的皮包，到处是散乱的纸片，衣柜前一具死尸坐在地上。月光下，他睁得很大的双眼和外露的牙齿在闪闪发光，看上去有几分像是在微笑。她吓得站在那里，一动不动。蓦地，门口又出现了一个加林。他低声道："对不起，又杀错了。死者是我的助手。为了这件事，罗林格不得不去尝尝铁窗风味。"接着，他拉了佐雅从后门跑了出去，因为15分钟前他已经报了警。

加林在一个秘密的地方演示了他的双曲线体。这器械果然厉害非凡，佐雅已决定与加林联手了。

且说第二天，加林的第二个替身被杀的消息，已将巴黎闹得沸沸扬扬，而罗林格却因为佐雅在半夜里的出走感到莫名其妙。

正在这时，一个身材不甚高但肌肉发达的汉子跳进罗林格的窗。罗林格吓得将手放到身后的手枪上，喝道："谁？干什么？"这人道："低声一点。我叫伽斯东，我要报告您一件有关佐雅小姐的事。人是加林杀的，佐雅小姐是他的同犯。我出于嫉妒，盯了佐雅小姐的梢，一切都亲眼看到了。"罗林格道："那好，我去报警。"伽斯东道："老板，报警还是免了吧，因为……"罗林格道："我不愿意私了，还是报警为好。"伽斯东道："我劝老板算了吧，这会将您我两人全送上断头台的。您逼得我只好说实话了。据佐雅小姐说，杀加林是您的指示，我已完成了任务。现在我知道加林和佐雅小姐眼下的住处，我手下有6个人。我们还是私了吧。"箭在弦上，已不得不发。罗林格只好同意了伽斯东的私了。虽然，看上去像是一个下策。

这天夜里，加林正在向佐雅解释，他可以利用双曲线体来开采地球下面的橄榄石层，这石层里面的黄金多得数不胜数。到时候，他就可以占地为王；而佐雅，也就可以成为王后了。突然，加林中止了说话，他闪到窗边去一望，说："来人了，来收拾我们的。3辆车，8个人。"他飞快地装好了双曲线体的器械。不一会，几个人的脚步声已在门外停住。加林用法语吆喝道："谁？"一个人粗声粗气地在回答："电报，请开门！""电报从门底下塞进来吧！"那人怒喝道："叫你开门你就开门，有急事儿！"另一个安定的声音在问："那个女人在你这里吗！""在，有事吗？""交出女人来，就没你的事。"加林吼道："我警告你们，再不滚，1分钟后就没有一个人能活下来……"门外的人呵呵大笑起来。随即，门上传来用身体猛烈撞击的声音，漆末和木屑在纷纷往下掉。佐雅一动不动地注视着加林。加林脸色苍白，但充满了自信，动作敏捷得像匹鼬鼠。他抽出了几根火柴，取出手枪站着等待。随着一声声的重击，门渐渐地在破裂。哐啷一声身后的窗玻璃被打碎了，窗帘在摇晃。加林对准窗开了一枪，然后迅速蹲下身擦亮了火柴。这时，窗帘蛇一般落下来，鸭鼻子伽斯东口衔匕首攀住窗上的铁格子爬了上来。加林在调节器械，器械里的火焰在晃动，发出嗞的声音，对面糊纸的板壁已开始冒烟。伽斯东斜眼盯着加林的枪口。他的匕首拿在手里，准备猛地扑来。就在这一刹那间，一支细若丝线而又闪烁耀眼的强光划过去对准了伽斯东。佐雅看到伽斯东既不叫嚷也不透气，突然张开了大嘴……他的胸膛上飘起了一缕游丝一般的轻烟。他举起了双手，随即又无力地垂下来，人滚倒在地毯上。他的脑袋和肩膀全被像面包头一般地切下来，与下半身脱离了关系。加林将器械转向破裂的房门。在途中，光线束切断了电线，电灯落下来啪的一声，灯熄了。令人发眩的光束在门口嗞发声，光束在打叉，在旋转，在切割。门外有人像猫一般地干嗥一声。肉被烧焦的气味在飘散开来。然后，一切都安静了下来。加林干咳一声，嘶哑地说："全部都被收拾掉了。"

第二天，巴黎几乎所有报纸上都登有尸体被切成几段的照片。

被杀的人中没有罗林格，他是被加林抓住了。他被逼与加林订了一份契约。

现在，佐雅已身在大海上，乘的是条豪华的游艇，名叫"阿利左娜号"。当然，一切费用全由罗林格支付。船长是挪威人扬逊。与她同行的还有亿万富翁罗林格和加林。一路上，罗林格不断地被迫开出支票来。钱的总数要以亿来计算。

不久，世界各大报纸登出了如下这么一个启示：

本人已占领太平洋上西经130度，南纬24度处之岛屿一个，占地55平方公里。本人为此岛之唯一统治者，并将为保卫其统治权而战斗到最后一滴血。

加林在浩渺的南太平洋上，此无名小岛除了景色秀美外，简直是一无可取，连它是属于美国、荷兰还是西班牙也弄不清，原是一个不值一提的小不点。然而美国是个讲究原则的国家，为了逮捕这个狂妄的加林，为了能在这一无名小岛上让合众国的国旗高高飘扬，他们派了一支警备舰队从旧金山出发了。

10天后，美国国防部收到了警备舰舰长发来的无线电：该岛已在我舰队监视之下，最后通牒也已发出，限期为明晨7时，到期加林不投降，将开炮轰击。

只是，3天过去，警备队犹如泥牛入海，再无消息。

不久消息传来，该岛上有加林和他的爱人，另外还有一个亿万富翁罗林格，而罗林格正在源源不断地开出支票来取钱，并从世界各地购买各档物资。他想干什么？

美国议会通过了决议：应采取更彻底的手段。

1926年，8艘美国巡洋舰起锚向"流氓岛"（各报纸如此称呼加林的这一小岛）进发。

但是，就在同一天里，世界各大城市的大邮电局都收到了一份傲慢的无线电报：黄金岛岛主加林衷心向全世界各国政府提议，希望大家不要干涉本岛内政。如有胆敢来犯者，15分钟内，其命运一如美国之警备舰队。到时，一切后果概由自负。

其时，黄金岛上强大的双曲线体器械已竖起。它高 150 米，犹如一座高高的灯塔。他们开凿地球的竖井进展也十分迅速。加林的目标是要打开厚厚的地壳。这下面则分别是矿滓、橄榄石层，再下面，就是金、铂、锆、铅、水银层了。待钻到这个分儿上，要多少黄金就有多少黄金了。当然，开矿的工具是双曲线体。眼下，黄金岛已有 6000 名工人。

8 艘美国巡洋舰已到达黄金岛，他们得到命令发起攻击。深夜 1 点，巡洋舰上有 4 架飞机飞去攻击岛上的军事设施，只是，有去无回。从望远镜中可以看到，他们美国的飞机就像自得其乐地在小岛上空旋转着往下坠，最后，纷纷掉进大海去了。也不知中了什么魔法。接下来，8 艘巡洋舰被莫名其妙地彻底粉碎了。这对美国舰队来说，简直是奇耻大辱。

同时，海洋里出现阿利左娜号海盗船。它不升任何旗，只装配了两座双曲线体塔。这天早上的 4 点 45 分，天像打翻了墨水瓶似的漆黑，美国的一艘客轮突然听到前面有恶魔似的吼叫声，船客们全跑上了甲板，不知出了什么事。100 米以外有人用扩声器在叫："让船停着别动！一切听候处理！"美国轮的船长叫过去："请问，你们是什么船？"对方回答："是黄金岛女王下的命令！"船长回答道："原来是女王陛下。我们可以向她提供一间二等舱和一份丰盛的早餐。如何？"话音未落，对面盗船上射来一束粗如编织针的细光束。青光一闪，船头上一个船员立即变成了焦炭，船头的一部分和一个斜桥一起断裂，嘭的一声掉入海中去了。这样一来，谁还敢动？于是用手枪武装的海盗乘了小舢板上了客轮，劫走了大约 1000 万的美元。当然，这女王正是佐雅。此后，太平洋上的客轮屡屡遭劫。

美国政府被激怒了，他们强大的太平洋舰队出发了。19 天后的早上 8 时，黄金岛上遭到了齐齐的炮击，可惜只有其中的一枚打在岛上。加林亲自上了双曲线体塔去驾驭器械。

当时，罗林格正站在海岸上。他看不见光束，只听见远处不断地传来爆炸声，他戴上了夹鼻眼镜，对准美国舰队的方向眺望，那里有黄白色的烟柱在升腾起来，有 4 个闷雷似的响声在海面上轰隆隆地滚动，后来也就完全消失了。美国的太平洋舰队被彻底消灭了。

罗林格原指望由他的祖国来为他出这口恶气，现在，绝望之余，他跳崖自杀了。

经过艰苦卓绝的努力，双曲线体已打通了橄榄石层，水银和金的化合物金汞到手了。这化合物中的百分之九十是黄金。由于这一成功，加林向全世界宣布，他将停止一切海盗行径。

然而，正当加林踌躇满志，打算用双曲线体和黄金统治整个世界时，他手下的工人起义了，并成立了革命委员会。就在加林外出的当儿，黄金岛被占领，他的双曲线体塔也被毁，船长扬逊被打死。他的心血被毁于一旦。加林回来时，只来得及救出佐雅一个人。

他俩划着一艘小船逃生：形销骨立的佐雅把着舵，虬须满脸的加林坐在她的边上。加林想起自己的这场噩梦，不由大笑起来，说："哦，佐雅，挺有趣的，不是吗？我们将来还可以再大干一场的。"佐雅疲倦地说："我累了，加林，把我带到很远很远的地方去吧。咱们两个还是好好儿地去过安逸日子吧……"于是，他们的船向烟波茫茫的大海驶去。加林工程师宏伟的冒险就此打住。

古尸复活记

赵林参观古尸展览，他不像有些人那样，仅仅为了满足自己的好奇心。这位年轻的生物医学家致力于一项专门的研究，已经达 10 年之久了。现在，乘古尸展出之便，他要在古尸的血管里寻找一种物质。这种物质，他在动物身上和人体上分别进行了多次实验，并获得了重要的数据，因而他认为在古尸上作一次采样化验，是必要的。

他的实验室在展览厅左侧的一间屋子里，紧连在后面的两小间是他和助手的休息室。这里环境幽静，距展览厅又近，是个理想的专门研究古尸的场所。实验室的门外是一个大花园，园里竹木掩映，有一条平直的小道与展览厅的侧门相通。但是由于有"行人止步"的指示牌挡驾，参观者不会从这里经过，所以赵林的实验室在这里显得十分安静。

赵林要看展品，虽然是很方便的，但仍然必须按照规定的办法进行：先到更衣室换上一套特别的御寒衣服，外加上一顶帽盔，把整个头部蒙住，仅仅露出两只眼睛。因为展览厅里的温度相当于南北极的冬季。大厅里陈列着几十具古尸，分别躺在厚厚的玻璃箱里。玻璃箱的内部充塞着一股强烈的冷气，在机械的控制下始终保持恒定的低温，从而使展品不发生物理变化。最近参观的人不多，这对于赵林来说，倒是好事，因为他可以更专心地进行观察、研究，在每一具古尸上进行采样了。

当他通过自动启合的隔热帘踏进展览厅时，顿时产生了一种特殊的感觉：裹在皮衣里的肌肤剧烈地颤抖了一下。这是由于气温太低？还是灯光起的作用呢？从天花板上散射下来的淡绿色光线，柔和得使人觉得有点飘然若醉，如入梦境。这儿没有讲解员，当观众走到玻璃箱前的时候，会听到不知从哪里发出的声音，仿佛是箱内的"人儿"在作"自我介绍"。

周围一丝声息都没有，无一个人影儿。赵林好像被古尸包围起来了，可是他还是专心致志地依次观察着。当他站在靠近大厅左侧门的最后一只玻璃箱的前面，看到里面躺着一具黑发、皮色苍白、脸部皱纹纵横、肌肉略显干瘪的女尸，她双目紧合、两眉微蹙，似乎睡得并不十分安详；她四肢平放，高低起伏……啊！躯体肌肉还保持着人体特有的线条。突然好像传来了一种低沉的不急不慢的声音："我已经长眠300年了。生前，我从事医务工作，却死于癌症。我知道，这是一种不治之病，发觉已经太迟，任何方法和药物对于我都已无济于事了，所以，当我感到剧烈疼痛的时候，即向科学院申请冷冻处理。这样一方面能免除我的痛苦，更重要的是好让后世了解：历史上有这样一个人，不，有这样许多人，由于科学不发达而被病魔轻易地夺去了生命……"

赵林听了这段话，深受感动。他久久地注视着女尸的面容：那挺直的鼻梁，微微上翘的鼻尖以及薄薄的嘴唇，似乎在哪儿见过。也许是满脸皱纹掩盖了这个特征吧？他尽力思索，终于想起来了，这个特征在他的助手——钱英的脸上，不是也很明显吗？不过，赵林立刻笑起来了，他发觉自己又在想入非非了。这女尸怎么能与钱英相比呢？钱英是个年轻姑娘，而眼前躺着的死尸至少60岁。简直太荒唐了！

"简直是胡思乱想！"赵林在心里骂自己，他发觉自己已经出了神。

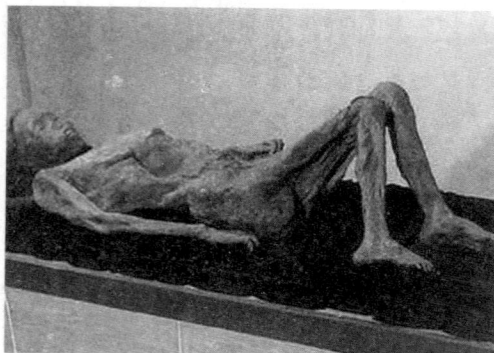

离开展览厅以后，不知怎么，一种思想紧紧萦绕在赵林的脑际。300年前的这个60岁的老妇人，尽管并不以为死有什么可怕，但是只要有可能，她总是希望活下去的。只是万不得已，才断然赴死罢了。60岁实在不算大，按现在的标准，还是十分年轻，所以她死得很委屈。要是再活上几十年，医学水平提高了，癌症也许就不算绝症了……想到这里，他仿佛觉得这个老妇人时时在跟随着他。

那天深夜，赵林在电子显微镜前紧张地工作了四小时以后，已经极度疲惫了。他使劲闭了几次眼，然后走到窗前，让清凉的夜风刺激一下神经。正当他准备转身回到显微镜前的时候，他忽然发现门帘似乎在动。是的，一点不含糊，已经露出了一大条空隙，并且空隙还在继续增大。这个自动启合的隔热门帘，必须当有人靠近的时候才徐徐开启。现在，分明是已经有人靠近它了。不错，是一个黑影！它在空隙间摇晃了一下，然后立定，又摸索着走出门来，并且已经踏上了花园的水泥小道向实验室方向走来了。

谁？赵林的肌肤紧缩了一下，注意力高度集中起来。对于深夜盗窃，他是无所顾虑的，因为这些已成为历史或小说中记述的题材了，这类事早已绝迹，再说哪里会有盗窃古尸的贼。那么会是谁呢？

天际突然"刷"地一亮，在闪电的一刹那，来人的面容身形暴露了：正是那具三百年前的女尸。但是眼前的女尸出门，究竟应该作何解释呢？他深信只是科学上尚未触及到的问题罢了，而现在根本就没有时间考虑。他当机立断，迅速做好准备——随手拿起一只200CC的注射器，抽了半管烈性麻醉剂——只要等女尸走近，就猝不及防地给它来一下。然而，这一切都徒然了，那女尸摇晃了几下，就摔倒在地。这是当电光一闪的时候显示出来的……

第二天，报纸上出现了一条耸人听闻的消息：

本报快讯：昨夜雷雨交加，其势极猛，前所未有。古尸展览厅冷气设备受雷电影响，发生故障。数十只盛着古尸的玻璃箱全部爆裂。令人惊奇的是，一具女尸竟突然失踪。据有关部门侦查，展览厅地面发现足迹，确系女尸所留。侦查人员企图运用电子狗追寻，却无能为力，因为女尸的足迹在花园里已为雨水湮灭，并未留下丝毫气味。这一奇案令人莫解，实在是一个神秘的谜……

事情的经过是这样的：当赵林在实验室忘我工作的时候，兴奋和喜悦使他忘了一切，以致连震耳的霹雷也没听见。就在这样的时刻，古尸展览厅里发生了一件意想不到的事故。控制室内气温制冷机的一个零件受到强烈的雷电干扰失灵了，影响到整个机器的转动。室温突然上升。而躺放尸体的玻璃箱里的温度由于受另一机器控制却依然如故。就如一只满装着冰的厚玻璃杯突然浸入沸水那样，外层膨胀，玻璃箱顷刻撬裂。箱外的气温从裂缝里渐渐渗入，箱里的温度渐渐升高。这时候，别的尸体并没有什么变化，唯独那具300年前的女尸，肌肉却慢慢地在牵动，继而伸腿转侧，就如刚刚从沉睡中醒来那样，竟支撑着坐了起来，并且顶破了有着裂缝的玻璃箱。

这具女尸复活了，本来她也是应该复活的。300年前，当她还活着的时候，科学院就按照她的愿望把她冷冻了。由于躯体突然降到极低的温度，全身细胞里的水分来不及结冰而形成玻璃化状态，就使细胞都完整无损。其实，科学史上记载着很多关于动物冷冻复活的事例。说得更准确些，这些冷冻的动物不是死亡，而是休眠。它们的复苏，也必须是在体温逐步升高的条件下才能办到。

如今这个休眠了300年的老妇人——不，应该说中年妇女——也是在同样的条件下复苏的。另外，可能是由于强烈的雷电使她体内的生物电流发生感应并且渐渐强烈，支持她从破碎的玻璃箱里爬了出来，又摸索着走向就近的左侧门，通过自动启合的门帘，又踏上花园的水泥小道，走了短短的一段路程。但是，她毕竟是沉睡了300年的人，在雷电停息以后，她体内的生物电流也逐渐减弱，因此她又颓然倒下了。

当报上刊登出这条新闻，人们议论纷纷，热闹非凡的时候，赵林却什么也不知道，因为他正和助手钱英忙得不可开交。女尸进入花园摔倒在地之后，赵林立刻放下"武器"，去休息室唤醒已经入睡的助手钱英，一起将女尸抬进室内。当时，侦查人员万万也想不到，这具女尸就在眼皮底下；而且，他们也决不会贸然地闯进实验室里去的。因此成了一个悬案。

在气温适宜的室内，那女尸渐渐地睁开了眼。经过检查、分析，确定她是长期休眠以后的复苏。几天的忙碌，使赵林暂时忘却了自己的科学实验即将获得成功这件大喜事，代替它的是另一种喜悦，那就是复苏人的癌症已经治愈，健康也渐渐有了起色，并且她已经能够勉强行动，只是显得十分衰老。赵林很想继续进行他即将成功的科学实验，却又不得不暂时放手，因为科学院的学术报告会就在明天举行，而他正是主要发言人之一，因此，他只能向钱英告别了。

赵林的学术报告虽然并不是关于"古尸复活"的问题——这个专题已经陈旧了——却和古尸有些关联，因为他从古尸的血管里作细胞采样，为他的学术报告增添了一个数据。

他的研究工作实际上是以幻想开始的。动物和人为什么一定要从年幼到年轻然后衰老呢？为什么不能从衰老回复到年轻又到年幼呢？在一般人看来，这是想入非非，因为人们把一些日常所见的现象看作是理所当然，而不屑去探求"为什么"。赵林像所有伟大的科学家那样，具有那根问底的性格。他开始从动物的身上抽取血液，寻找各种基本因素，发现一种叫做 T 淋巴细胞的物质在衰老动物同幼小动物体内，它们的质和量是不同的。人体也是如此，T 淋巴细胞随着年龄的增长而减少，质也逐渐降低。古尸的血管里，连一丝一毫的残留痕迹也找不到。早在几年以前，他从一只幼小的白鼠血液内分离出一些 T 淋巴细胞，冷藏起来，等待这只白鼠衰老时再注射到它体内。实验的结果是令人满意的，那衰老的白鼠忽然变得活跃了，从行动上考察，同它幼年时不相上下。各种寿命短的小动物都实验过了，得到的结果是同样的。但是，一只高等动物从它的幼年到老年，是要经过一段漫长的时间的，这项科学实验等不到那么长的时间，可又不能用一只幼小动物的 T 淋巴细胞注射到另一只老年动物的体内去，否则会产生排异性，引起严重后果。赵林进一步分析了 T 淋巴细胞组成的各个单一物质，试图用化学的方法来合成。经过 3 年的时间，人工合成的 T 淋巴细胞产生了，它适用于一切动物。后来又在这种人工合成物质中加注了某种激素，效果特别显著。就只剩没有在人体试验——这就是他还不能说"完全"成功的原因。但是他的学术报告却赢得了科学家们的热烈赞誉。

所以，他是怀着异常兴奋的心情踏上归途的。当他跨进自己工作室的时候，迎面看见自己的助手钱英，就迈前一步，紧紧地握住了她的手，说：

"从今天起，可以进行最后的一个步骤了，钱英，你……"

他忽然发觉钱英睁大眼睛，怀疑地盯着自己，不说话。怎么？她变了，是什么原因使她变得这么呆滞？

"赵林，你回来了！"

回头看，又是一个钱英，正推门进来。

"什么？这是怎么回事？"赵林惶惑地说。

"你认为她变得很快吧？"钱英微笑着，"这是你研究的成果呀！"

赵林这才恍然大悟，是钱英将人工合成的 T 淋巴细胞注入复苏人的血液中，出现了奇迹。在又一次紧紧地握了复苏人的手以后，他仔细地辨认了她同钱英之间的面容，那挺直的鼻梁、微微上翘的鼻尖、薄薄的嘴唇确实相像。这样的巧合不能不使他因感到离奇而激动起来，但是他马上就平静下来了，因为他想起，在古书上就记载着孔子与阳货面貌酷像的事；1944 年，英军杰姆士中尉冒名顶替蒙哥马利元帅，由于两人面貌酷似，竟连受过盖世太保严格训练的德军间谍也难辨真假。纵观古今，横览世界，在恒河沙数般的人群，面貌酷似的事例恐怕也不是个别的，何况所谓酷似，也并不是完全相同。就眼前的两个人来说，如果仔细比较，就不难发现毕竟还有互不相似之处。

"雄兔脚扑朔，雌兔眼迷离，双兔傍地走，安能辨我是雄雌？"复苏人已经变成个年轻人，这就难怪赵林一时难以辨认了。

他忽然又想了《聊斋志异》里的《尸变》，"从古尸到一个年轻姑娘，这不是尸变吗？"这话只是在他自己的心里说，连一丝神情也没表露出来，因为眼前站着的这个人正是尸变的主角。

能进行光合作用的绿姑娘

真真生病了！本来，一个 14 岁的小姑娘得了病，也不是什么了不起的大事，只要请医生看看，吃点儿药，病就会好的。但是真真，可就不同了。

真真是我的宝贝。在她身上，寄托了我全部的爱。妻子死得早，留下 5 岁的女儿，我把她带大，她是我唯一的亲人。每次真真有什么不舒服，我总免不了焦急、担心，可万万没想到，真真这次得了一种谁也没见过的怪病。

那是在暑假开始的时候，我打算带真真到太平洋上去游览。一切都准备就绪，连轻便的自动控制快艇也买来了。然而就在将要启程的时候，我工作的植物研究所，开始了一项新的重要研究工作。我脱不开身，没办法，只好让真真和她的几个同学结伴去旅行了。

暑假结束前夕，真真回来了。她给我讲了许多旅行奇闻，她告诉我，她们在太平洋南部的海域中，发现了一个美丽的无名小岛，岛上住着善良好客、长着绿头发绿皮肤的人，在他们的热情挽留下，真真和她的三个同学，在岛上生活了两个星期……当然，在那浩瀚的太平洋上旅行，看到许多奇怪的新鲜事，是很自然的。因此我听了并不感到惊奇。

可是，过了不到一个月，在她身上发生了很大变化，我不仅感到惊奇，而且有点儿担心了！虽然她依旧很活泼，但是饭吃得少极了，每天要喝大量的水；最可怕的是，她那洁白的皮肤，渐渐变成了淡绿色；一头乌黑卷曲的头发，也慢慢变成翠绿的了，就像她说的无名岛上的绿发人一样！同真真一道旅行的三个同学，也和真真的境况一样，全都变成绿姑娘了。

对我这个做父亲的来说，无论真真变得怎样，她总是我的女儿。真真和她的同学为此感到苦恼，我当然也分担了女儿的痛苦。

我带着真真到处求医，可是医生们都说不出得这种怪病的原因，只是推测，可能是体内缺乏某种营养成分或某种色素的缘故。至于真真讲的那些绿发人的有关见闻，他们听后只是笑笑，认为那只不过是个美丽的故事而已，并不符合科学的逻辑。

然而，我完全相信女儿的话。真真和她同学的头发和肤色的变化，显然与那个无名小岛有关系。我暗暗下了决心：一定要找到那个奇怪的无名小岛，寻找真真她们得病的真正原因。而且，我凭着一个植物学家的职业敏感，预料到在那个小岛上，将会有一次惊人的发现……

小艇在水天相接的太平洋波涛上颠簸前进，浪花追逐着轻轻欢唱的小艇，海鸥绕着小艇快活地飞翔。我顾不得欣赏大洋上的美丽景色，而是一门心思地用仪器观测着太平洋浩瀚的海域，按照真真她们指点的那个无名小岛的经纬度前进。

已经是第三天的早晨了。我照例凭着船舷，眺望无际的洋面。这天，风平浪静，天空被灿烂的朝霞染红了。当太阳从海水中跳出来的时候，金光照在海面上，一耀一闪，就像是千万条鲤鱼在跳跃。就在太阳升起的地方，我隐隐约约看见一群珍珠似的小岛。

小艇朝群岛驶去，渐渐地临近了。只见那群荒无人烟的岛屿中，有一个小岛与众不同，上面长满了苍翠的树木。在那茂密的林木中，隐约可见用石头砌成的白色房屋。啊，这不就是真真她们来过的那个神奇的小岛吗?!

我兴奋地登上了小岛，沿着林荫小道向前走去，一幢幢白色小屋上，升起缕缕炊烟。我登上一座遍地开满鲜花的山丘，深深地呼吸了一口新鲜空气，举目向全岛眺望：只见在小岛的中央，有一个碧波粼粼的小湖，就像一颗闪光的明珠镶嵌在翠玉环绕的岛上。

我按照临行时真真告诉我的路线，来到村头上一座小白屋前，轻轻敲了敲门。果然，开门的是位身材高大、绿皮肤绿头发的女人。她惊异地打量着我。我打开随身携带的"译意风"———一种专门翻译各种语言的工具——对那女人说：

"您好。您是莎娜大婶吧?"我见她点头,接着说:"我的女儿真真和她的同学,上次在您这儿做客,受到您盛情的招待,特意来表示感谢!"

莎娜大婶一听我是真真的父亲,立刻笑了。她用土话对我说:"欢迎,欢迎!请进屋来吧。"

上次真真在莎娜大婶家住了两星期。这次,她又像招待真真一样,热情地招待我。可是由于真真的教训,使我不得不婉言谢绝她的一片好意。我不敢吃岛上的东西,只好从小艇上搬来带来的食物和饮料,也请莎娜大婶一家尝尝外乡来的美味。

饭后,莎娜大婶带我到岛上看看。一路上,人们都有礼貌地向我打招呼。我发现,一旦看习惯了,就觉得岛上人的皮肤和头发美丽极了,那颜色像春天翠绿的树叶,既新鲜又悦目。和他们相处,不但感到很习惯,而且心里也有一种说不出的愉快感觉。不过,有些老年人的头发和皮肤就不那么鲜艳美丽了,他们的头发和皮肤,像秋天阔叶树的叶子一样,微微泛黄了。使我吃惊的是,莎娜大婶告诉我,有的老人已经200多岁了,岛上人的平均寿命,可活到180多岁呢!

我还发现,小岛上不仅有绿色人,而且还有绿毛兔、绿毛羊和夹杂着黄色的绿毛鸡。特别是那些浑身长着绿毛的小兔,活泼可爱,散在草地上,浑然一体,使人很难分清哪儿是草,哪儿是兔子。

莎娜大婶得知我想研究这绿色皮毛的奥秘时,先是大笑了一阵子,然后表示尽她的力量来帮助我。她把最干净的房间让给我作研究室,又帮我从小艇上搬来了应用的仪器。

我化验了绿毛羊、绿毛兔的毛和莎娜大婶的绿色长头发,可是化验结果却使我大失所望。毛发中除含铜量较高外,其他成分与普通毛发没有什么差异。那么究竟是什么原因使这个小岛上的居民生长着绿色的头发和皮肤呢?为什么南太平洋其他岛屿上的居民不是绿色头发和皮肤呢?一个个问号在我的脑海里跳跃,使我吃不好饭,睡不着觉。

我研究了岛上的土壤,除了肥沃之外,没有异常的地方;我研究了岛上的树木、蔬菜和稻谷，发现植物中养分特别充足。莎娜大婶告诉我，这儿的稻谷生长期只需要 20 多天！我检验了各种树的叶子，发现它们的释氧功能特别好，要比其他地方的绿叶植物强三倍以上。怪不得岛上的空气这样新鲜纯净，原来有个天然的氧气大仓库呢！可是，植物的这种奇异功能是怎么得来的呢？我猜测，可能与岛上居民的绿色皮肤和头发有关系。我不由得想起那个清澈闪光的岛中湖。

我来到湖边，装了一瓶湖水带回研究室，紧张地工作起来。时间慢慢地过去，额上的汗水擦干了又流下，终于，令人满意的结果出现了：在湖水中发现了一种奇异的催化剂，它能够把血红素转变为叶绿素。这是什么道理呢？原来，人体血液中的血红素和植物中的叶绿素的分子结构极为相似，只是核心原子不同。血红素的核心原子是铁；叶绿素的核心原子是镁。人喝了一定量的湖水之后，由于湖水中那种奇异的催化剂的作用，使血液中的血红素转变成了叶绿素，红血变成了绿血，并透过皮肤，现出淡淡的绿色，就像春天嫩绿的树芽一样，美丽极了。头发在皮肤发生变化之后，随着产生了化学作用，渐渐地也变成了绿色。

无名岛上绿发人之谜终于揭开了。岛上的居民靠这种神奇的湖水的力量，和植物一样进行大量的光合作用。他们只需要极少量的食物来满足食欲，却用大量的水分来维持体内的需要，他们的身体都很健康，精神都很愉快，可以说，是地球上最长寿的人。我的女儿真真和她的三个同学，在这儿生活了两个星期，神奇的湖水也慷慨地赐给了她们一种异常的美丽。当然，真真并没有生病。虽然她的皮肤和头发变成了绿色，但是，绿色不正是青春、美好的象征吗？

我怀着喜悦的心情结束了在岛上的研究工作。临别前，特地装满了一大桶湖水，准备带回去继续研究，我告别了岛上淳朴的人们，告别了诚挚善良的莎娜大婶，恋恋不舍地离开了无名岛，驾船返航了……

大脑无线电广播

大雨哗哗地下。雷声隆隆地响。整座山头像是给浓雾包围住了，阴沉沉的。

骆驼峰上的飞龙洞里，蹲着两个躲雨的少年，一个叫大牛，一个叫火生。这两个人，满脚是泥，光着上身，打湿了的衣服，晾在一块干石头上，旁边还有两个沉甸甸的背包，背包里尽是些小石头。

大牛蹲了一阵，朝洞外看着，说道："雨还那么大，大概不会停了。"火生说："今天再不能采标本啦。待在这儿干什么呢？还是让我跟爸爸联系一下。"

"哈哈……哈哈哈，"大牛大声笑了起来，"你呀，又没有无线电话，怎么联系呢！现在，除了我们两个以外，大概谁也不知道咱们躲在飞龙洞里。咱们真像个探险家。"火生听着没有作声。他想，爸爸早上嘱咐过，有什么事，就静静地想想，一个字一个字地想，爸爸就能知道我发生了什么事。这叫什么大脑广播，是最近试验成功的。

"我说大牛，你别吵，让我试试那个大脑广播，行不行啊？"

"什么叫大脑广播，听我的。"大牛干咳了两声，咽了一口口水，拉长了嗓子，嚷了起来，"大脑广播电台。现在开始广播。我们是龙虎山小学标本队，当我们接近最高峰的时候，突然遭到暴风雨的袭击，不得不停止前进。现在，十三级暴风还没有停止……"

"大牛，大牛，你怎么搞的。最大最大的风也只是十二级，哪儿来的十三级暴风。"火生打断了大牛的"广播"。

"怕什么，反正谁也听不到我的广播。"大牛停了一停，仍然拉长嗓子喊叫，"大脑广播电台。骆驼峰消息：标本队员两人被暴风雨围困在飞龙洞里，等待救援。要是大雨下个不停，队员准备在飞龙洞里住上一夜……"

"大牛，别开玩笑啦。说正经的，今天晚上回不了家，让你住在这儿，你还不敢呢！还是静一静。让我来跟爸爸联系联系。"

"好吧。"大牛终于停止了"广播"。但是，只停了一会，又说起话来，"你爸爸说的那个大脑广播，太玄了，我又有点不大相信。先别说别的，我就不相信大脑里有电。"火生笑着说："前些日子，我的病——'羊角疯'忽然又发作了，我上医院去看病，张大夫给我做了个什么脑电图检查。真有意思，他在我的脑门上装了几个电键，电键后面接着电线，电线通到一支笔上。结果笔就在纸上画了个'图'。"大牛好奇地问："什么图？"

火生说："哦。这不是真的图，是一条条曲线。张大夫说，要用脑子里发出来的电流，在纸上画出些曲线，从那些曲线就能看出脑子有没有病……"

"脑子里真有电！有点意思。"

"那么说，你相信人身上有电啦。"火生把头伸出洞外看了看天，雨还下着呢，他回过头来对大牛说，"你先等等，一会儿我给你讲个故事。可现在你得安静下来。我来试试。"

洞里难得地平静了下来。两个人默默地坐在那儿，火生这时集中地想着一件事，该给爸爸广播了。他在心里拟好草稿，默默地说："爸爸，我和大牛在飞龙洞躲雨，雨老下个不停，请您派直升机来接我们。你要不来，我们今晚只好住在洞里。"

大牛乖乖地坐了一阵，也不见火生说一句话，猜不透他在想些什么，实在闷不住，终于张嘴了："喂，你说的要讲个故事。"

火生接着说："好吧，你听着。这可是我亲眼看见的。有一天，我有事去找爸爸。推开爸爸办公室的门一看，一个人也没有。我想，他大概一会儿就能回来，就坐在那儿等，等着等着，我突然听到一阵沙沙响的声音。顺着声音看过去，怪啦，好像有一只手在那儿移动。再细细一看，那是只金属做的手，沙沙沙地在纸上写字。这多怪呀，旁边没有什么人，那只金属手却会自己动起来，而且还写出一三挺漂亮的字，那纸上写的是'利用生物电来指挥机器，是自动化的好办法。'我看迷了，看来看去，还是看不懂那只手怎么动起来。后来，我才知道，当时爸爸正坐在隔壁房间里，在指挥这只手呢!"

"他怎么指挥的?"

"他脑子里想着要写什么字，那只假手就会把这些字写出来。"

大牛听着更奇怪了："这是怎么回事?"

"爸爸说，每个人身体里都有电，叫做生物电。大脑在想事的时候，会发电，电流通过假手，假手就会把大脑想的字写出来。从那以后，我才知道，人的身体还是部挺复杂的发电机呢!"

"有趣，有趣。照你那么说，世界上真有大脑广播电台，嗨，让我来正正经经地广播一下。大脑广播电台，大脑广播电台……"

"大牛，你那个广播，谁也收不到。你没有这个。"火生说着，指指头上戴的帽子。那顶帽子看起来像顶钢盔，后面还直立着一根金属棍，戴在头上显得很有精神，"这是爸爸让我戴着的。他说戴着这顶帽子，我想什么事，他全知道。你整理整理矿石标本吧，别说话。让我再想一想，也就是再广播一次。"

大牛打开背包，去整理标本。火生先定了定神，又开始想了起来："爸爸。我和大牛在飞龙洞躲雨，雨老下个不停，请您派架直升机来接我们，你要不来，我们今晚只好住在洞里。"

过了一阵子，忽然听见噗噗噗的声音，一阵比一阵响。两个人披上衣服，急忙往外跑，朝天上看去，啊，一架直升机来了。这是爸爸常坐的"全天候"直升机，什么风呀，雨呀，雷呀，黑夜呀，它全不怕，什么天气都能飞。

直升机在天上飞，大牛他俩在地上跑，手里拿着红领巾在头顶上挥动。直升机停在天上不动了 扔下来一副绳梯，大牛像猴子似的，一下就爬上绳梯，钻到直升机里。火生收拾了一下背包，这才爬上飞机。

"爸爸。你收到我们的广播了吗?"

"收到了。"爸爸从提包里摸出一个小机器，外表活像架照相机。他说，

"这是架特制的接收机，你们那儿一'广播'，它就能收到，好像你在跟我讲话一样。而且它还能把声音录下来，随时都能放出来再听。你们听，这是不是火生刚才想的事？"

爸爸打开收音机，重新广播了刚才收到的大脑广播："爸爸：我和大牛在飞龙洞躲雨，雨老下个不停，请你派架直升机来接我们，你要不来，我们今晚只好住在洞里。""真灵，大脑也能广播。这是不是利用生物电？"大牛惊奇地问。

"是的。不过，说得准确点是生物无线电。我们的大脑里，不但有生物电，在想事的时候，还像个小小的无线电台，往外发射无线电波。我用接收机把你们大脑发出的无线电波接收下来，就知道你们在想些什么事了。"

"大脑是座电台，那干嘛火生广播的时候，还要戴那顶帽子？"

爸爸说："大脑电台的无线电波太弱了，很难接收。戴上帽子，它会把无线电波放大，这样才能收得到。"

"哦，原来是这样。"大牛说完话，急忙把火生头上那顶帽子抢过来戴在头上。"我来试试。"于是，他在默默地说，"大脑广播电台，现在开始广播。龙虎山的标本队员已经安全脱险，在暴风雨中登上直升机，顺利返航。"这时，在爸爸的小机器里，已经把这些话记录了下来。火生笑了笑说："你的广播，现在真有人收听啦。"